U0879351

河流健康修复与管理系列丛书

# 辽河保护区河流健康评价与修复方案

徐　笠　段　亮　主编

中国环境出版集团 · 北京

**图书在版编目（CIP）数据**

辽河保护区河流健康评价与修复方案/徐笠，段亮主编.
—北京：中国环境出版集团，2021.6
（河流健康修复与管理系列丛书）
ISBN 978-7-5111-4762-2

Ⅰ. ①辽… Ⅱ. ①徐…②段… Ⅲ. ①辽河流域—流域环境—生态环境—环境生态评价 Ⅳ. ①X321.231

中国版本图书馆 CIP 数据核字（2021）第 120535 号

**出 版 人** 武德凯
**责任编辑** 葛 莉
**封面设计** 宋 瑞

**出版发行** 中国环境出版集团
（100062 北京市东城区广渠门内大街 16 号）
网 址：http://www.cesp.com.cn
电子邮箱：bjgl@cesp.com.cn
联系电话：010-67112765（编辑管理部）
发行热线：010-67125803，010-67113405（传真）

**印 刷** 北京鑫益晖印刷有限公司
**经 销** 各地新华书店
**版 次** 2021 年 6 月第 1 版
**印 次** 2021 年 6 月第 1 次印刷
**开 本** 787×1092 1/16
**印 张** 11.25
**字 数** 240 千字
**定 价** 75.00 元

# “河流健康修复与管理系列丛书”编委会

# 本书编委会

主　　编：徐　笠　段　亮

副 主 编：李　静　李海霞　李明月　韩　璐　何玘霜

参编人员：李　芳　冯娜娜　付海龙　麻旭普　般敬伟
　　　　　田佳宇　韩丽花　蔚　青　李冰茹　王　康

# 序

河流水生态环境治理保护，旨在改善受污染河流水环境质量，修复受损水生态系统功能，逐步恢复河流生态系统健康。在大力治理污染源的同时，给河流以空间，开展河流保护区建设，是河流治理保护的创新实践。

辽河保护区依辽河干流而设，从东、西辽河交汇处福德店开始到盘锦入海口，全长 538 km，总面积 1 869.2 $km^2$，是我国第一个为保护河流而划定的区域，也是河流管理体制机制创新先行示范区。“划区”以来，辽宁省大力开展生态修复保护工作，使得保护区生态迅速恢复，生物多样性明显增多。为了深入研究大型河流生态保护的原理，探索治理保护修复经验，“十三五”水专项设置了“辽河保护区河流健康修复与管理技术集成”课题。

本课题针对河流管理体制机制创新先行示范区—辽河保护区水生态系统健康维护与保护目标提升技术需求，集成水专项“十一五”、“十二五”河流治理保护技术，突破综合调控关键技术，重点开展生态资源资产评估、北方寒冷地区大型季节性河流生态水保障与时空优化调度、北方寒冷地区大型流域湿地发育与重建、自然生境恢复与土地利用空间优化、智慧化综合管理等技术研发与应用，构建基于生境恢复、功能提升、综合调控的辽河保护区健康河流修复技术体系，形成辽河保护区健康河流构建技术模式。制定辽河保护区健康河流修复总体方案与技术路线图，指导辽河保护区健康河流构建技术模式实践，支撑辽河保护区“十三五”水质与水生态改善目标的实现。

课题研究提出的大型季节性河流生态水保障技术在辽河保护区上游清河、柴河两座大型水库及16座闸坝调度运行中得到实际应用，对供水及引水规则进行优化调整，制定考虑跨流域引水、生态与农业供水耦合的优化调度方案，2020年两座水库全年共泄放生态水量7 160万$m^3$。保障干流珠尔山、巨流河大桥、盘锦兴安等重要控制断面在各水期内满足以河流健康为目标的生态流量要求。课题集成的辽河保护区大型流域湿地重建技术在东、西辽河交汇口源头区、石佛寺-七星中游区、大张-盘山闸-双台子下游区开展大型流域湿地重建综合性工程实证，实证区湿地面积合计23.8万亩，河滨植被覆盖度由2009年的59.3%提高至2020年的95.6%，鸟类、鱼类分别由2011年的45种、15种增加到2020年的85种、53种，生态系统功能明显恢复。课题研究成果有效支撑了辽河流域水生态环境质量改善。

本课题由中国环境科学研究院、辽宁省水利水电科学研究院有限责任公司、辽宁石油化工大学、沈阳大学、北京市农林科学院共同完成。为系统总结大型河流保护区治理保护理论与技术经验，课题组组织编著了“河流健康修复与管理系列丛书”，相信该丛书可为我国大型河流治理保护提供有益的经验借鉴。

宋永会

2021年6月

# 前言

辽河流域是我国重要的钢铁、石油、化工、机械、建材基地，同时也是粮食生产和畜牧业基地，对保障国防安全、能源安全、粮食安全有着举足轻重的作用。辽河流域于2006年被列为“三河三湖”重点治理流域，也是“水体污染控制与治理科技重大专项”（简称“水专项”）重点示范流域之一。自“九五”末期开始，经过长期的不懈努力，辽河流域水污染初步得到控制，水质和生态环境有所改善，但水环境问题依然较严重。为实现辽河干流生态保护和恢复的目标，2010年辽宁省委、省政府根据地理状况划定了辽河保护区，采取了“一局统管”的新型管理方式，实行全线封闭保护，实施禁牧、禁渔、禁采、禁伐，对辽河干流流域进行一站式综合治理。“十二五”时期是辽宁省社会经济实现跨越式发展和全面振兴的重要时期。随着工业化、城镇化的高速发展，工业污染、生活污染、农业面源污染和历史遗留污染叠加，辽河干流的综合治理工作必然面临巨大的困难和压力。

经过“十一五”、“十二五”时期的多方努力，辽河保护区河流水质有所改善，生态环境有所恢复，但2012—2016年，辽河干流水质优良比例为10.91%～33.6%，与《水污染防治行动计划》（简称“水十条”）要求仍有较大差距，尤其近年来面临着水质反弹的巨大压力。辽河流域水生态环境保护不平衡、不协调的问题依然突出。一是污染形势依然严峻，流域部分省(区)达标困难。2018年丰水期存在干涸、断流现象的河流有183条，占流域河流总数的69.1%。2019年流域内仍存在8.5%的劣Ⅴ类国控断面，局部地区污染排放超过水生态环境承载能力，农业农村面源污染问题日益凸显，水污染防治工作进展不平衡，污水处理设施及配套管网建设滞后，历史欠账较多。二是水资源短缺状况严重，生态流量难以保障。三是河湖生态退化趋势没有明显好转。河湖岸线生态环境遭到破坏，部分河流生物多样性锐减，自净能力降低。四是部分地区水环境风险隐患突出。虽然辽河城市群水源地联调联控的水资源配置格局及供水模式已基本形成，但水环境风险较大。

河流不仅是可供开发利用的资源，更是地球生命系统的载体，它的健康状况不仅关系到河流自身的可持续发展，而且危及整个流域以及国家的经济社会发展。目前，还没有针对辽河保护区河流健康的系统评价与研究。因此，本书基于《河湖健康评估技术导则》（SL/T 793—2020）《辽宁省河湖（库）健康评价导则》（DB21/T 2724—2017）及《辽河保护区水生态健康评价技术体系构建》，结合辽河保护区河流特点，构建了以辽河保护区为目标层，以水文水资源、物理结构、水质、水生物、社会属性为准则层的河流健康评价指标体系，分期和分段系统评价了辽河保护区的河流健康水平，诊断辽河保护区河流的健康问题。并综合"十二五"期间水专项的研究成果，充分考虑辽河保护区各河段的自然环境特征，提出了辽河保护区健康河流修复总体方案。本书是对辽河保护区河流健康问题及修复治理措施的总结，期望不仅能更好地指导辽河保护区健康、持续、稳定发展，也能够为我国其他河流保护区河流健康评价提供借鉴。

编　者

2020 年 5 月

# 目录

# 第 1 章　辽河保护区河流概况

## 1.1　地理位置

辽河水系是全国七大江河之一，辽河水系地处东经 116°55′～125°32′，北纬 40°36′～45°17′，发源于内蒙古克什克腾旗芝瑞镇，流经河北、内蒙古、吉林和辽宁 4 省（区）。作为我国典型的北方河流，降水量和径流量年内分布极不均匀。辽河非汛期河道流量较小，河道内滩地开阔，地势平坦，河道迂回曲折，河道比降小，泥沙淤积严重，是辽宁省汇流时间最长、泄洪能力较差的河流。辽河流域总面积约 22.02 万 $km^2$，辽宁省内流域面积约 6.93 万 $km^2$，占流域总面积的 31.5%；省内河长 554 km，占河道总长的 40.06%。主要支流包括招苏台河、清河、柴河、凡河、秀水河、养息牧河、柳河及绕阳河等。

2010 年辽宁省委、省政府划定辽河保护区，设立辽河保护区管理局，通过统筹规划、集中治理、全面保护的方式对辽河流域进行保护和管理。辽河保护区依辽河干流而建。规划范围起始于东、西辽河交汇的铁岭昌图县福德店，穿越铁岭、沈阳、鞍山、盘锦 4 个地级市 14 个区（市、县）（表 1-1），全长 538 km，面积 1 869.2 $km^2$。分布在东经 121°41′～123°55.5′，北纬 40°47′～43°02′。保护区边界划定为：有堤段以两侧辽河大堤背水面坡脚之外 20 m 所涵盖的区域，并依据防护林带、城镇、村庄等具体情况进行调整；其中，到 2012 年，河道两侧宽度各约 500 m，共 1 050 m 划定为主行洪保障区，退耕还河形成干流河岸带生态恢复区，到 2015 年，辽河保护区以辽河大堤为界；在无堤坝区域以 30 年洪水位视具体情况划定；在主要支流汇入口区域适当向外延伸。辽河保护区总面积为 1 869.2 $km^2$，干流全长 538 km，共有 33 个支流和排干口，流域面积为 3.79 万 $km^2$。辽河保护区涉及行政区见图 1-1 所示。

表 1-1　辽河干流流经行政区域

| 辽河干流流经市 | 辽河干流流经区（市、县） |
|---|---|
| 铁岭市 | 昌图县 |
| | 开原市 |
| | 铁岭县 |
| | 银州区 |

| 辽河干流流经市 | 辽河干流流经区（市、县） |
|---|---|
| 沈阳市 | 法库县 |
| | 沈北新区 |
| | 康平县 |
| | 辽中区 |
| | 新民市 |
| 鞍山市 | 台安县 |
| 盘锦市 | 盘山县 |
| | 大洼区 |
| | 兴隆台区 |
| | 双台子区 |

图 1-1　辽河保护区涉及行政区

## 1.2 地形地貌

辽河上游的西辽河和东辽河于福德店相汇后进入辽宁省境内，纵贯全省的辽北康法丘陵区与下辽河平原区。辽宁省辽河流域为辽河的下游区域，东部为辽东山地丘陵区；北部为辽北康法丘陵区，由沟谷发育的剥蚀低丘区构成，将辽河干流的上、中游河谷平原和下辽河平原割裂开来；西部为医巫闾山，与凌河流域分隔。辽河干流东为长白山地，西为冀热山地和大兴安岭南端。地势自北向南、由东西向中间倾斜，流向自北向南。辽河干流地势平坦，地貌单元比较单一，均属于辽河冲积平原，河道局部蛇曲发育。铁岭市和沈阳市北部地貌类型以山区、丘陵为主，沈阳市南部、鞍山市和盘锦市的地貌类型以平原为主。辽宁省位于中朝准地台北部，与吉林、黑龙江、内蒙古大兴安岭褶皱系接壤，地质构造复杂、类型齐全。依据构造面力学性质、展布方向、生成时期，综合地质地貌特征，可以将辽宁省构造体系划分为纬向构造体系、经向构造体系、新华夏构造体系、华夏构造体系、旋钮构造体系和其他构造体系等。其中，影响辽宁省地形地貌的最主要构造体系为新华夏构造体系。新华夏构造体系及其他构造体系的综合作用，造就了辽宁省辽东低山丘陵、辽北康法丘陵及辽西低山丘陵三面环绕的辽河平原的地貌格局。

辽河保护区北自东辽河、西辽河交汇处，南至盘锦河口，地势自北向南、由东西向中间倾斜。在铁岭、沈阳一带其海拨高 40～60 m；营口、盘山一带其海拨高 4～7 m；石佛寺坝址处海拨高约 40 m。

## 1.3 气象条件

辽河流域地处温带大陆性季风气候区，冬季严寒干燥，夏季炎热多雨。气温由西北向东南递增，年平均气温为 4～8℃。年最高气温在 7 月，一般为 21～28℃；年最低气温在 1 月，一般为–18～9℃。辽河流域内降水的时空分布极不均匀，东部山丘区多年平均降水量为 800～950 mm，西部的西辽河地区降水量仅为 300～350 mm。降水多集中在 7—8 月，占全年降水量的 50%以上，易以暴雨的形式出现。降水的年际变化也较大，最大和最小年降水量之比大于 3，而且有连续数年多水或少水交替的现象。辽河流域大部分地区多年平均气温为 4～9℃，年内温差较大，最高温度为 35～42.5℃，最低温度为–41.1～–27℃。年平均相对湿度为 49%～70%。多年平均风速为 2～4 m/s，年最大风速出现在春季，为 20～40 m/s。全年日照时数为 2 400～3 000 h。无霜期为 150～180 d。结冰期为 110～130 d，开始于 10 月中旬至 12 月上旬。最早封冻日期为 11 月中旬，最晚封冻日期为 12 月下旬；最早解冻日期为 1 月末至 3 月初，最晚解冻日期为 3 月末至 4 月初。

辽河干流地处中高纬度地区，属于暖温带半湿润大陆性季风气候，冬季严寒漫长，夏季炎热、多雨，春季干燥、多风沙，秋季历时短。辽河干流多年平均降水量为 562.3～608.6 mm。辽河保护区多年（2000—2018 年）平均降水量为 570 mm，辽河保护区下游和中上游地区降水量较大，上游地区年降水量较小。年内降水多集中在 5—8 月，占全年降水量的 71%。降水年际变化比较大，2000—2018 年降水量极值比高达 2.0。辽河保护区多年平均气温约为 9℃，年均气温从南到北逐渐降低。年内气温变化较大，最高气温在 7 月，平均为 25℃，最低气温主要发生在 1 月，平均为–11℃。

根据国家气象数据网筛选出的辽河保护区周边 11 个国家气象监测站点 1987—2017 年的监测数据，统计 30 年间全年逐日气象数据，各气象站点年平均降水量、年平均气温见表 1-2。

表 1-2 1987—2017 年辽河保护区气象站点气象监测数据

| 序号 | 站名 | 年平均气温/℃ | 年平均降水量/mm | 经度/°E | 纬度/°N |
|---|---|---|---|---|---|
| 1 | 昌图 | 7.37 | 602.0 | 124.12 | 42.78 |
| 2 | 康平 | 7.85 | 521.5 | 123.33 | 42.75 |
| 3 | 法库 | 7.57 | 587.4 | 123.40 | 42.50 |
| 4 | 开原 | 7.42 | 673.3 | 124.05 | 42.53 |
| 5 | 铁岭 | 8.30 | 671.9 | 123.87 | 42.30 |
| 6 | 沈北新区 | 8.11 | 657.9 | 123.53 | 42.03 |
| 7 | 新民 | 8.58 | 579.8 | 122.83 | 41.98 |
| 8 | 辽中 | 8.76 | 649.0 | 122.72 | 41.52 |
| 9 | 台安 | 9.08 | 618.7 | 122.43 | 41.38 |
| 10 | 盘山 | 9.26 | 616.1 | 122.02 | 41.18 |
| 11 | 大洼 | 9.57 | 655.0 | 122.07 | 40.98 |

通过分析 30 年间辽河保护区降水分布特征可知，辽河保护区降水量呈自西北向东南递增趋势，山地地区年降水量高于平原地区，东部地区较为湿润，西部较为干旱，由上游柴河段的 671 mm 减少至中部柳河段的 590 mm，下游入海口段恢复至 650 mm。辽河流域的降水在时空分布上极其不均，从时间分布规律上看，降水主要集中在 6—9 月的夏秋季节，占全年降水量的 60%～75%，春冬季节降水较少；从空间分布规律上看，辽河流域东部地区降水丰沛，西部地区降水较少。

## 1.4 基本水文

辽河水系比较复杂，辽河干流福德店（东西辽河汇合口）至河口之间共有一级支流及排干 36 条（含东西辽河）。其中流域面积小于 100 $km^2$ 的一级支流及排干有 12 条；流域面积大于 100 $km^2$ 的一级支流及排干有 22 条；流域面积 5 000 $km^2$ 以上的大型河流有 4 条，即东辽河、西辽河、绕阳河和柳河；流域面积为 1 000～5 000 $km^2$ 的中型河流有 7 条，具体为公河、招苏台河、清河、柴河、凡河、秀水河、养息牧河；流域面积为 100～1 000 $km^2$ 的小型河流有 11 条，具体为亮子河、王河、中固河、长沟子河、拉马河、长河、左小河、太平河、燕飞里排干、付家窝堡排干、接官亭排干。辽河干流左侧汇入的主要支流有招苏台河、清河、柴河、凡河等，是辽河干流洪水的主要来源；右侧汇入的主要支流有秀水河、养息牧河、柳河、绕阳河等，属多泥沙河流，是除西辽河以外辽河干流主要的泥沙来源。因此，有“东水西沙”之说。辽河保护区大中型支流基本信息见表 1-3。

表 1-3 辽河保护区部分大中型支流基本信息

| 河流名称 | 流域面积/$km^2$ | | 长度/km | | 岸别 | 河源地址 | 河口地址 | 平均比降/‰ | 河源点高程/m | 河口点高程/m | 多年平均降水量/mm | 多年平均径流深/mm |
|---|---|---|---|---|---|---|---|---|---|---|---|---|
| | 全部 | 辽宁省内 | 全部 | 辽宁省内 | | | | | | | | |
| 清河 | 5 150 | 5 150 | 159 | 159 | 左 | 清原县英额门镇 | 开原市业民镇 | 1.47 | 602.3 | 64.5 | 720.8 | 190.5 |
| 柳河 | 5 345 | 1 795 | 302 | 206 | 右 | 内蒙古库伦旗扣河子镇 | 新民市东城街道 | 1.04 | 480.9 | 27.6 | 425.9 | 71.8 |
| 绕阳河 | 10 348 | 10 348 | 326 | 326 | 右 | 阜新县扎兰营子乡 | 盘山县东郭镇 | 0.40 | 462.1 | 1.2 | 540.8 | 60.3 |
| 招苏台河 | 4 828 | 3 042 | 263 | 149 | 左 | 吉林梨树县十家堡镇 | 昌图县通江口镇 | 0.39 | 373.1 | 72.2 | 562.7 | 81.0 |
| 柴河 | 1 441 | 1 441 | 133 | 133 | 左 | 清原县枸乃甸乡 | 铁岭县镇西堡镇 | 1.91 | 549.6 | 58.6 | 785.2 | 233.9 |
| 凡河 | 1 046 | 1 046 | 120 | 120 | 左 | 铁岭县白旗寨满族乡 | 铁岭县凡河镇 | 1.62 | 540.0 | 52.5 | 757.6 | 221.8 |
| 秀水河 | 1 903 | 1 812 | 139 | 117 | 右 | 彰武县章古台镇 | 新民市公主屯镇 | 0.79 | 243.0 | 34.9 | 535.2 | 54.4 |
| 养息牧河 | 1 981 | 1 948 | 123 | 123 | 右 | 彰武县章古台镇 | 新民市东城街道 | 0.93 | 219.5 | 32.6 | 512.9 | 43.1 |

## 1.5 干流河道概况

### 1.5.1 干流情况

辽河福德店至双台子河口段习惯上被称作辽河干流，流经铁岭、沈阳、鞍山、盘锦4市的昌图、开原、银州、铁岭、康平、沈北新区、法库、新民、辽中、台安、盘山、大洼、兴隆台、双台子等区（市、县），全长538 km，流域面积3.79万$km^2$。辽河干流河道大致分为9段，各河段基本情况见表1-4。

**表1-4 辽河干流河道基本情况**

| 河段 | 河长/km | 河宽/m | 弯曲系数 | 比降/‰ | 区间面积/$km^2$ | 区间支流 |
|---|---|---|---|---|---|---|
| 河源—西安村 | 426 | — | 1.40 | 2.50 | 58 793 | 西拉木伦河 |
| 西安村—福德店 | 403 | 1 000 | 1.69 | 0.40 | 88 867 | 教来河、乌力吉木伦河、东辽河 |
| 福德店—清河口 | 127 | 30～300 | 1.57 | 0.21 | 17 808 | 招苏台河、清河、公河、亮子河、王河 |
| 清河口—石佛寺 | 75 | 45～450 | 1.69 | 0.19 | — | 柴河、凡河、中固河、长沟子河、拉马河、万泉河 |
| 石佛寺—柳河口 | 100 | 65～320 | 1.66 | 0.19 | 9 018 | 秀水河、养息牧河、柳河、西小河、长河、左小河、付家窝堡排干、燕飞里排干 |
| 柳河口—卡力马 | 55 | 65～350 | 1.40 | 0.17 | 2 440 | — |
| 卡力马—盘山闸 | 117 | 75～320 | 1.68 | 0.12 | 4 941 | — |
| 盘山闸—河口 | 64 | 105～1 369 | 1.53 | 0.07 | 10 438 | 绕阳河、小柳河、吴家排干、太平总干、清水河排干、潮沟河、接官厅排干 |
| 河口—河源 | 1 367 | — | 4.59 | — | 192 305 | — |

福德店—清河口河段长约127 km。1965年以前西辽河来沙较多，河道偏淤，1965年后西辽河来沙减少，河道转为偏转；河道平面形态为弯曲段与顺直段交替，河床中有犬牙交错的边滩，平均河宽为150 m（30～300 m），弯曲系数为1.56～1.58，宽深比为2.5～10.9，河床比降为0.21‰，属蜿蜒型河道。河岸为松散二元结构，不耐冲刷，坍岸严重，河道多摆动。两岸堤距1 200～3 000 m。

清河口—石佛寺河段长约75 km。河道两岸多为连绵丘陵，支流发育，左侧的清河、柴河、凡河均在本河段汇入，河道平面形态蜿蜒曲折，边滩交错，平均河宽250 m，河床比降为0.19‰，河道冲淤变化基本平衡，河道较为稳定。

石佛寺—柳河口河段长约100 km。河道平面摆动幅度较大，为3～5 km，历史上造成多处自然裁弯，平均河宽200 m，河床比降为0.19‰，但在柳河口附近因受泥沙淤积上延影响，比降略有变缓。

柳河口—卡力马河段长约 55 km，因受柳河泥沙淤积影响，河床逐年抬高，平均河宽 240 m，河床比降为 0.17‰，河槽宽浅，宽深比为 7.54～37.42，具有游荡性河道特征，主槽摆动频繁，河道不稳定，险工多，险情重，是整治的重点河段。

卡力马—盘山闸河段长约 117 km，平均河宽 200 m，河床比降为 0.12‰，受上游来沙及下游盘山闸长期关闸蓄水的影响，河床逐年淤高，以卡力马—六间房河段及盘山闸附近较为严重，该段河床横向摆动较小，平面变化不大。

柳河多年平均进入辽河沙量为 702 万 t/a，大部分都淤积在柳河口以下河道内。1968 年以来曾发生过柳河来沙、辽河枯水、淤塞辽河河道的现象。目前柳河口—六间房河段已形成地上河。

盘山闸—河口河段长 64 km，为感潮河段。河宽为 230～780 m，河床比降为 0.07‰，河槽属窄深型。

### 1.5.2 水文、水位站情况

辽河干流共有水文站、水位站 11 座，其中水文站 8 座，分别是福德店水文站、通江口水文站、铁岭水文站、马虎山水文站、平安堡水文站、辽中水文站、六间房水文站、盘山水文站；水位站 3 座，分别是毓宝台水位站、腰屯水位站、巨流河水位站。

### 1.5.3 辽河干流闸坝基本情况

辽河干流有石佛寺水库、盘山闸 2 座控制性防洪工程，干流福德店至河口段目前有建成的跨河桥梁共 30 座、拦河潜坝 2 座、拦河橡胶坝 16 座、穿堤建筑物 163 座、险工 75 处。

石佛寺水库是辽河干流上唯一一座大型防洪控制性工程，坝址位于沈阳市沈北新区黄家乡和法库县依牛堡乡，距沈阳市区 47 km。水库控制流域面积 164 786 $km^2$。水库工程包括主坝，副坝，泄洪闸，库内辽河支流的改造、交通工程，交叉建筑物工程等。水库以防洪、供水为主要任务，按 100 年一遇洪水设计，300 年一遇洪水校核，设计洪水位为 50.22 m，相应库容为 $1.60\times10^8$ $m^3$；校核洪水位为 50.69 m，总库容为 1.85 亿 $m^3$，调洪库容为 1.6 亿 $m^3$。石佛寺水库防洪任务是：提高石佛寺水库以下辽河干流的防洪标准，由现状的可防 30 年一遇洪水提高到可防 100 年一遇洪水。

盘山闸位于盘锦市双台子区东郊，是辽河下游的枢纽建筑物，它建在感潮河段的末端，闸址距河口 57.3 km，位于辽河盘锦城市防洪段，是辽河下游防洪体系的一个重要组成部分。盘山闸工程包括拦河闸、进水闸、船闸、上下游导流堤、小柳河倒虹吸、分洪堤和防汛交通桥。目前，盘山闸除险加固工程已完成，该次除险加固工程在满足盘锦市灌溉及城市供水以及不改变深孔闸运用方式的条件下，为确保设计洪水安全下泄，在原导流堤位置新建浅孔闸，深孔闸，浅孔闸防洪标准按 100 年一遇洪水设计，200 年一遇洪水校核。水闸设计洪水位为 8.10 m，相应泄量为 5 000 $m^3/s$；校核洪水位为 9.08 m，相应泄量为 6 800 $m^3/s$。

目前，在辽河干流福德店至河口的重点段主河槽内，累积修建了 16 座生态抗旱临时蓄水橡胶坝。辽河干流橡胶坝基本情况见表 1-5。

表 1-5　辽河干流橡胶坝基本情况

| 序号 | 名称 | 所在区（市、县） | 坝高/m | 坝长/m | 底板高程/m | 坝顶高程/m |
|---|---|---|---|---|---|---|
| 1 | 和平橡胶坝 | 法库县 | 2.5 | 150 | 70.70 | 73.20 |
| 2 | 通江口橡胶坝 | 法库县 | 2.0 | 56 | 68.75 | 70.75 |
| 3 | 五棵树橡胶坝 | 开原市 | 3.0 | 100 | 64.00 | 67.00 |
| 4 | 老边橡胶坝 | 开原市 | 3.0 | 80.6 | 59.00 | 62.00 |
| 5 | 平顶堡橡胶坝 | 铁岭县 | 3.0 | 137 | 55.00 | 58.00 |
| 6 | 双安桥橡胶坝 | 银州区 | 3.5 | 119 | 51.50 | 55.00 |
| 7 | 新调线橡胶坝 | 铁岭县 | 2.5 | 149 | 48.00 | 50.50 |
| 8 | 七星山橡胶坝 | 沈北新区 | 2.5 | 164 | 38.00 | 40.50 |
| 9 | 马虎山橡胶坝 | 新民市 | 2.0 | 137 | 33.18 | 35.18 |
| 10 | 巨流河橡胶坝 | 新民市 | 2.0 | 150.5 | 26.57 | 28.57 |
| 11 | 毓宝台橡胶坝 | 新民市 | 2.5 | 119 | 22.81 | 25.31 |
| 12 | 满都户橡胶坝 | 辽中区 | 2.0 | 121 | 13.55 | 15.55 |
| 13 | 本辽辽橡胶坝 | 辽中区 | 2.5 | 171 | 11.70 | 14.20 |
| 14 | 红庙子橡胶坝 | 台安县 | 2.5 | 111 | 9.00 | 11.50 |
| 15 | 大张桥橡胶坝 | 台安县 | 2.5 | 91 | 4.35 | 6.85 |
| 16 | 曙光桥橡胶坝 | 盘山县 | 3.2 | 200 | -1.30 | 1.90 |

## 1.6　社会经济概况

### 1.6.1　行政区划

辽河流域资源丰富、人口密集、城市集中、工业发达、交通方便，是我国重要的工业、装备制造业、能源和商品粮基地，辽河流域是辽宁省经济社会发展的中心区域，在东北乃至全国的经济建设中都占有极为重要的地位。根据《辽河流域综合治理主要项目及责任清单》，辽河保护区主要涉及全省 4 个地级市 30 个区（市、县），行政区划情况见表 1-6。

表 1-6 辽河保护区涉及的行政区

| 序号 | 地级市 | 区（市、县）(30) |
|---|---|---|
| 1 | 沈阳（13） | 和平区、沈河区、铁西区、皇姑区、大东区、沈北新区、浑南区、于洪区、苏家屯区、辽中区、康平县、法库县、新民市 |
| 2 | 鞍山（6） | 立山区、铁东区、铁西区、千山区、海城市、台安县 |
| 3 | 盘锦（4） | 双台子区、兴隆台区、盘山县、大洼区 |
| 4 | 铁岭（7） | 银州区、清河区、铁岭县、开原市、调兵山市、西丰县、昌图县 |

## 1.6.2 人口统计

根据对辽河保护区涉及区（市、县）的人口统计，14 个区（市、县）的合计人口为 630 万人，沈阳、铁岭区域人口数量为 230 万人左右。辽河保护区涉及范围以村为统计单元，初步调查结果显示，辽河干流涉及村共有人口约 53.9 万人，所在地区民族有汉族、朝鲜族和满族等，其中以汉族为主，占总人口的 98%。辽河保护区内分布人口数量较少，并且基本分布在堤坝外侧，涉及人口数量见表 1-7。

表 1-7 辽河保护区涉及行政单元人口经济统计

| 辽河保护区涉及市 | 辽河保护区涉及区（市、县） | 涉及人口 | | 地区生产总值/亿元 |
|---|---|---|---|---|
| | | 涉及人口数/人 | 合计/人 | |
| 铁岭 | 昌图县 | 38 798 | 138 533 | 126 |
| | 开原市 | 17 282 | | 110 |
| | 铁岭县 | 76 058 | | 102 |
| | 银州区 | 6 395 | | 82 |
| 沈阳 | 法库县 | 25 110 | 220 384 | 200 |
| | 沈北新区 | 2 240 | | 354.4 |
| | 康平县 | 25 304 | | 140.3 |
| | 辽中区 | 71 361 | | 230.9 |
| | 新民市 | 96 369 | | 458.5 |
| 鞍山 | 台安县 | 59 866 | 59 866 | 110.5 |
| 盘锦 | 盘山县 | 6 018 | 120 266 | 171 |
| | 大洼区 | 15 587 | | 137.5 |
| | 兴隆台区 | 26 669 | | 350 |
| | 双台子区 | 71 992 | | 130 |

虽然辽河保护区内人口数量并不大，但这些人口沿河道分布，生活污水直接排入辽河干流；同时人口增多对饮用水的需求增加，也给河流带来巨大的压力。辽河干流在铁

岭市流经地区多为村镇，流经的铁岭市的 4 县（市、区）中，昌图县的农业比重较大，粮食单位面积产量最高，但农民的人均收入却相对较低；而更靠近市区的铁岭市银州区，农民收入相对较高。沈阳地区农民经济状况要略好于铁岭，其主要特点与铁岭相似，即越靠近市区，农民收益越高。辽河干流在鞍山地区仅流经台安县，尽管单位面积产量要低于铁岭和沈阳地区，但农民全面纯收入更高一些。盘锦市区的农业种植业主要以水稻为主，且农民收入最高，其中一个原因也是受芦苇等副业的影响。保护区涉及区域农民收入较低的原因之一是产业结构单一，以农业种植为主要经济来源，而收入相对较高的地区主要是靠近城市或者依靠发展副业，因此在保护区土地利用规划中，在保障生态用地的大前提下，还要考虑到农民的利益。

### 1.6.3 社会经济指标

辽河保护区处于我国辽宁省的中轴线，连接辽西北、沈阳经济区和辽宁沿海经济带三大经济板块。辽河保护区主要途径市有沈阳、鞍山、盘锦、铁岭等，根据 2018 年社会经济资料的统计，辽河保护区涉及各市人口共约 1 508.4 万人，生产总值约为 9 876.7 亿元，规模以上工业总产值约为 10 180.1 亿元。4 个地级市中沈阳人口占总人口的 49.4%。沈阳生产总值占比也较大，约为总生产总值的 63.7%。2018 年辽河保护区涉及各市的主要社会经济指标情况见表 1-8。

表 1-8 2018 年辽河保护区涉及各市的主要社会经济指标情况

| 序号 | 地级市 | 总人口/万人 | 生产总值/亿元 | 规模以上工业总产值/亿元 |
|---|---|---|---|---|
| 1 | 沈阳 | 745.1 | 6 292.4 | 5 305.4 |
| 2 | 鞍山 | 341.8 | 1 751.1 | 1 860.9 |
| 3 | 盘锦 | 129.9 | 1 216.6 | 2 546.9 |
| 4 | 铁岭 | 291.6 | 616.6 | 466.9 |

辽河保护区涉及 4 个地级市 2010—2018 年历年的 GDP 情况见表 1-9。2018 年，辽宁省地区生产总值 25 315.4 亿元，比上年增长 5.7%。其中，第一产业增加值 2 033.3 亿元，增长 3.1%；第二产业增加值 10 025.1 亿元，增长 7.4%；第三产业增加值 13 257.0 亿元，增长 4.8%。全年人均地区生产总值 58 008 元，比上年增长 5.9%。其中辽河干流流经的 4 个地级市全年地区生产总值为 9 876.70 亿元，占辽宁省的 39.01%。4 个城市人均 GDP 为 6.14 万元，约是辽宁省人均 GDP 的 1.06 倍。其中沈阳市地区生产总值最高，达到 6 292.40 亿元，人均 GDP 为 7.57 万元。其次是鞍山市，地区生产总值为 1 751.10 亿元，人均 GDP 为 5.12 万元。

表 1-9　2010—2018 年辽河保护区涉及 4 个地级市历年的 GDP 情况　单位：亿元

| 地级市 | 2010 年 | 2011 年 | 2012 年 | 2013 年 | 2014 年 | 2015 年 | 2016 年 | 2017 年 | 2018 年 |
|---|---|---|---|---|---|---|---|---|---|
| 沈阳 | 5 036.58 | 5 927.81 | 6 594.96 | 6 762.27 | 7 102.63 | 7 269.20 | 5 525.69 | 5 784.73 | 6 292.40 |
| 盘锦 | 926.50 | 1 155.50 | 1 279.50 | 1 351.10 | 1 304.00 | 1 267.90 | 1 007.10 | 1 154.00 | 1 216.60 |
| 鞍山 | 2 125.01 | 2 420.10 | 2 628.70 | 2 623.30 | 2 385.90 | 2 349.00 | 1 462.00 | 1 613.10 | 1 751.10 |
| 铁岭 | 722.10 | 873.80 | 981.40 | 1 031.30 | 867.50 | 740.90 | 588.00 | 594.50 | 616.60 |
| 合计 | 8 810.19 | 10 377.21 | 11 484.56 | 11 767.97 | 11 660.03 | 11 627.0 | 8 582.79 | 9 146.33 | 9 876.70 |

## 1.7　土地利用概况

辽河保护区总面积为 1 869.2 km$^2$，其中，与辽宁辽河口国家级自然保护区重叠面积为 829.2 km$^2$。全省地貌总体上呈“六山一水三分田”格局，自西向东依次为低山丘陵、平原和山地，孕育了丰富多样的土地利用类型。

采用卫星遥感影像，对遥感影像进行校正、影像融合、影像拼接及裁剪等预处理后，采用面向对象分类和人机交互解译方法提取土地利用信息，根据辽河保护区 2018 年土地利用现状数据，对 2018 年 9 月的土地利用进行了提取和校正。参考《土地利用现状分类》（GB/T 21010—2017）一级分类系统，将辽河保护区土地类型分为农用地、建设用地和未利用地 3 个一级类，细分为林地、草地、湿地等 11 个二级类。根据分类标准对各土地利用类型（图 1-2）面积情况进行统计，结果如表 1-10 所示

表 1-10　辽河保护区土地利用分类情况

| 一级类 | 二级类 | 面积/km$^2$ | 比例/% |
|---|---|---|---|
| 农用地 | 水田 | 60.2 | 3.22 |
| | 旱地 | 294.4 | 15.75 |
| | 林地 | 109.3 | 5.85 |
| | 草地 | 409.3 | 21.90 |
| | 坑塘 | 69.7 | 3.73 |
| | 沟渠 | 14.0 | 0.75 |
| | 湿地 | 402.4 | 21.53 |
| 建设用地 | 交通运输用地 | 122.3 | 6.54 |
| | 住宅用地 | 18.3 | 0.98 |
| 未利用地 | 河流水面 | 359.6 | 19.24 |
| | 滩涂 | 9.7 | 0.52 |

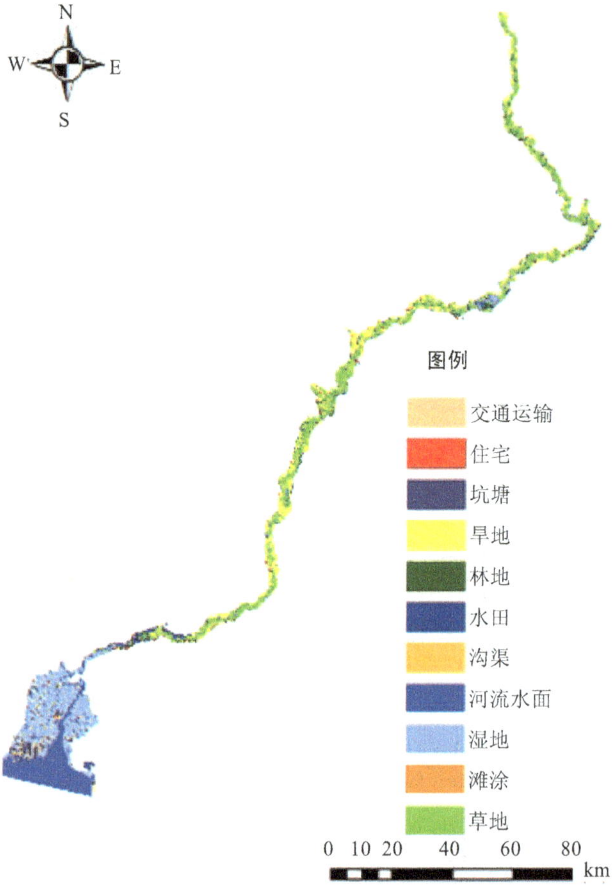


图 1-2 2018 年辽河保护区土地利用类型

辽河保护区土地总面积为 1 869.2 km²。农用地面积为 1 359.3 km²，占土地总面积的 72.72%；建设用地面积为 140.6 km²，占土地总面积的 7.52%；未利用地面积为 369.3 km²，占土地总面积的 19.76%。农用地中水田面积为 60.2 km²，占土地总面积的 3.22%；旱地面积为 294.4 km²，占土地总面积的 15.75%；林地面积为 109.3 km²，占土地总面积的 5.85%；草地面积为 409.3 km²，占土地总面积的 21.90%；坑塘总面积为 69.7 km²，占土地总面积的 3.73%；沟渠面积为 14.0 km²，占土地总面积的 0.75%；湿地面积为 402.4 km²，占土地总面积的 21.53%。建设用地中交通运输用地面积为 122.3 km²，占土地总面积的 6.54%；住宅用地面积为 18.3 km²，占土地总面积的 0.98%。未利用地中河流水面面积为 359.6 km²，占土地总面积的 19.24%；滩涂面积 9.7 km²，占土地总面积的 0.52%。在 2018 年的土地利用现状中，草地＞湿地＞河流水面＞旱地＞交通运输＞林地＞坑塘＞水田＞住宅＞沟渠＞滩涂。其中草地、湿地、河流水面面积占比较大（表 1-11）。

表 1-11　2014 年和 2018 年辽河保护区土地利用类型面积变化

| 地类 | 2014 年面积/$km^2$ | 2018 年面积/$km^2$ | 变化幅度/$km^2$ | 动态度/% |
|---|---|---|---|---|
| 水田 | 156.8 | 60.2 | −96.5 | −12.32 |
| 旱地 | 274.3 | 294.4 | 20.0 | 1.46 |
| 林地 | 37.5 | 109.3 | 71.8 | 38.32 |
| 草地 | 288.7 | 409.3 | 120.6 | 8.36 |
| 坑塘 | 53.9 | 69.7 | 15.8 | 5.86 |
| 沟渠 | 22.0 | 14.0 | −8.0 | −7.27 |
| 湿地 | 492.1 | 402.4 | −89.7 | −3.64 |
| 交通运输用地 | 81.5 | 122.3 | 40.8 | 9.70 |
| 住宅用地 | 36.6 | 18.3 | −18.2 | −9.97 |
| 河流水面 | 359.1 | 359.6 | 0.5 | 0.03 |
| 滩涂 | 66.8 | 9.7 | −57.2 | −17.11 |
| 总计 | 1 869.2 | 1 869.2 | 0.0 | 0 |

从辽河保护区 2014 年和 2018 年的土地利用变化来分析，随着时间的变化和空间的不同，辽河保护区内土地利用相对变化率指数存在较大的差异。由于近年来辽河保护区由政府管理，采取了退耕还林政策，从而使林地、草地面积增加，同时耕地面积减少，减少了来自农田的面源污染。林地、草地面积的增加也有利于阻截污染物，有利于降低河流中氮、磷等污染物浓度。

# 第 2 章　辽河保护区现状及问题

近年来，辽河流域水环境质量有所改善，但整个流域仍属于中度污染，水生态环境保护不平衡、不协调的问题依然突出[1]。一是污染形势依然严峻，流域部分省（区）达标困难。2019 年流域内仍存在 8.5%的劣Ⅴ类国控断面，局部地区污染排放超过水生态环境承载能力，农业农村面源污染问题日益凸显，水污染防治工作进展不平衡，污水处理设施及配套管网建设滞后，历史欠账较多。二是水资源短缺状况严重，生态流量难以保障。2018 年枯水期存在干涸断流现象的河流有 183 条，占流域河流总数的 69.1%。三是河湖生态退化趋势没有明显好转。河湖岸线生态环境遭到破坏，部分河流生物多样性锐减，自净能力降低。四是部分地区水环境风险隐患突出。五是部分河段防洪不达标，洪水风险较大。

## 2.1　水资源缺乏，生态需水保障不足

随着社会经济的快速发展，辽河干流水资源短缺问题日益严重，在以往的水库运行中，并没有考虑生态方面的供水，导致建库后下游河道非汛期缺水严重，河流水质水量得不到保障，出现了诸多生态环境问题，致使流域生态系统受到威胁。近些年，人们逐渐意识到生态环境的重要性，开始尝试通过水库泄流为下游河道提供一定的生态需水，来维持河流基本的生态功能。但目前，辽河流域各水库并没有制定合理的生态供水方案，生态供水过程较为随意，缺乏科学有效的生态供水。辽宁省很多河流生态基流难以保障，一些水利工程下泄生态流量不足造成部分河段少水、脱水甚至干涸，再加上部分河段过度取水，生态水量被挤占，造成河道生态流量很难得到保障，对辽宁省的社会经济、生态环境、可持续发展构成了较大威胁，在一定程度上影响了河流的正常生态功能和群众的生产、生活。

近年来，在辽河保护区干流出现过断流现象，汛期和非汛期均有断流发生，福德店水文站累积最长断流时间达 187 d，目前辽河水量控制主要是满足城市供水和按来水量尽力保证农业用水，却无法兼顾生态水量需求，导致辽河健康河流构建水文水资源方面出现短板，生态水严重短缺。辽宁省水资源分配不均衡，主要受气候影响，全省降水年际、年内变化较大，水资源呈周期性丰枯变化，水资源量中约有 60% 是洪水径流量，往往形成春旱夏涝、江河的汛期洪水和非汛期枯水的现状。据 1954—2004 年资料统计，

辽河流域内降水的时空分布极不均匀，且降水多集中在 7—8 月，占全年降水量的 50%以上。中下游地区径流补给主要来自降水，因此辽河径流的丰枯变化较大，年径流量的年内分配也极不均匀。从辽河保护区多年平均径流量年内分配来看，仅 7 月与 8 月径流量之和就占全年径流量总量的 50%以上。河流水量调控主要是靠水库以及闸坝来实现降雨来水和流域用水的平衡，主要依靠干流上游支流上的清河、柴河水库，由辽宁省供水局联合其他省属水库实施统一调度。目前，水资源消耗依然很大，辽河水资源利用率已超过 40%，达到了 70%左右，河道缺水严重。如 2014 年遇特殊气象现象，河道流量下降严重，辽河支流大部分处于断流状态，干流流量是正常年份的 20%。根据近年水文数据及对用水量的估算，准则层水文水资源结果偏低的主要原因是辽河流域降水不均匀，由此引起水量供需不匹配的问题。辽河水资源开发强度大，农业、生活、生产用水需求大，面临地下水超采、平原河流断流、河口萎缩等一系列生态问题，近些年出现的大范围河道断流与地下水水位下降使生态用水保障形势更为严峻。

## 2.2　部分河段河势不稳

河道作为辽河保护区开展各项治理与保护工作的平台，承载着为辽河自然保护区发展提供基础性保障的任务。一般河道岸坎塌岸严重、河势失稳，虽然暂时未对河道防洪构成威胁，但对河滩地的侵蚀却从未停止。辽河是多泥沙河流，其特点是大水带大沙，据资料统计，每年平均约有 700 万 t 泥沙通过西辽河、柳河进入辽河河道。调查发现辽河保护区河岸边坡以砂质壤土为主，大部分农业流域河岸带无边坡防护措施，河岸边坡被侵蚀、冲刷，水土流失严重，现有的护坡技术措施是以抛石护岸、浆砌石护岸、混凝土护岸及三维植草护岸为主。近年来，辽河遭遇连续年份枯水，上游来水明显减少，洪水带来的泥沙显著减少，但因辽河干流河势不稳，主河槽岸坎持续坍塌，造成泥沙大量下泄，水土流失加剧，河床抬高，河道淤积。目前，辽河干流柳河口以下河底已高出河道外地面 1～2 m，形成地上悬河。受泥沙淤积影响，河槽过流能力萎缩，滩地淤高、土壤沙化，河势不稳，河道行洪能力普遍下降，防洪工程设防标准逐年降低，河道内仍有居民住户及乱占、乱采、乱堆等问题使河道行洪安全受到严重威胁。另外，随着区域社会经济的高速发展，河岸生态系统被大量开垦，部分河段受采砂等人类活动的干扰，造成河床或滩地植被被破坏，覆盖率降低，水土流失加重，土壤逐步沙化（图 2-1、图 2-2）。

近年来，辽河持续实施了退耕（林）还河工程，建设辽河干流主行洪保障区，对主河道两侧各 500 m 宽的河滩地实行封闭管理，减少人为干扰。1979 年以来，随着油田开发、围海造田、人工养殖的迅猛发展，辽河口滨海湿地修建了大量人工岸线，辽河口海岸线也由凹凸逐渐变得规则圆滑，变迁面积达 25 300 $hm^2$，完全改变了河口地区的景观格局。自 2010 年辽河保护区建立以来，在保护区范围内统一施行了辽河治理和保护，为恢复辽河生态奠定了基础，但辽河保护区两岸薄弱的基础设施与建设生态文明先行示范区的要求差距较大，水域岸线管理保护体系尚未形成，主要干流尚未进行岸线规划，岸线资源配置不合理，缺乏高效利用；河流划界确权工作尚未完成，辽河流域各行政单位正着手编制各自管辖的河湖划界实施方案，但后续自然资源确权及权属登记工作难度大，推进缓慢。

图 2-1　岸坡侵蚀

图 2-2　岸坡沙化

## 2.3　水质污染问题仍未得到解决

辽河的主要污染物质是化学需氧量（COD）和氨氮（$NH_3$-N），分为点源污染和面源污染。其中点源污染以 COD 为主，主要集中在各主要支流，以火力发电、纺织、造纸、钢铁、石油石化、养殖等高污染行业为主，点源污染的改善对改变辽河流域污染状况具有十分重要的意义，而且还有很大潜力可挖。辽河干流污染主要是面源污染，包括农药、化肥的使用以及固体废物的随意倾倒等，面源污染的治理对辽河流域水质的改善同样至关重要。辽河上游地区地质抗蚀力弱，土壤水蚀风蚀严重，造成水土流失，是全国少有的输沙河流。辽河 COD 持续多年达到或超过国家地表水Ⅴ类水质标准，与含沙量、悬浮物有直接关系。同时，辽河干流水质还受上游来水、支流汇水以及季节性水量等因素影响。东、西辽河由铁岭福德店汇入辽宁省境时，水质标准就保持在Ⅳ类或Ⅴ类，污染较为严重；在铁岭段，受支流以及铁岭市工业、生活污水影响，水质指标居高不下，在沈阳段，由于与市区距离较远，以及受石佛寺水库等生态蓄水功能影响，水质指标有所好转，特别是入盘锦市前，明显好转，但是在接纳了盘锦市污水后，水质再次恶化。

辽河保护区管理局成立后，随着政府对辽河保护治理工作的重视和投入力度的加大，辽河水质状况有了明显好转，2010 年，辽河干流断面和主要支流断面水质按化学需氧量考核，全部符合地表Ⅴ类水质标准，2010 年辽河保护区农田面源污染引起的 COD 入河量为 1 864.79 t/a，$NH_3$-N 入河量为 372.96 t/a。从 2011 年开始，辽河保护区农田面源污染引起的 COD 和 $NH_3$-N 入河量大幅减少，2011—2018 年，COD 和 $NH_3$-N 入河量分别累积减少 11 734.49 t 和 2 346.90 t。特别是 2012 年，各干流断面水质均达到或优于Ⅳ类标准。2013—2019 年，辽河流域干流各监测断面年均值符合Ⅳ类水质标准，水环境污染程度有所减轻，水环境质量逐步改善。尽管如此，个别支流仍存在污染严重的问题，随着冬季枯水期的到来，辽河的污染形势仍十分严峻。

辽河保护区治理和生态恢复任重道远，流域水质稍有不慎就可能反弹。尽管辽河流域水质优良比例整体有所提升，但仍未达到“水十条”考核目标要求，且流域水质年内波动较大，尤其是 5 月、6 月，水质优良比例较低，干流部分监测断面未达到Ⅳ类水质目标要求。

## 2.3.1　辽河保护区水质考核断面情况

辽宁省在国家水环境质量考核中有 86 个断面，其中，辽河水系有国考断面 21 个，2018 年达到或优于Ⅲ类水质断面的有 4 个，占 19.0%；劣Ⅴ类水质断面 5 个，占 23.8%。2018 年辽河保护区水质考核断面情况见表 2-1。

表 2-1　辽河保护区水质考核断面情况

| 序号 | 河流名称 | 断面名称 | 断面级别 | 测站城市 | 2018 年水质类别 |
|---|---|---|---|---|---|
| 1 | 辽河 | 三合屯 | 干流 | 铁岭 | Ⅴ |
| 2 | 辽河 | 朱尔山 | 干流 | 铁岭 | Ⅳ |
| 3 | 辽河 | 马虎山 | 干流 | 沈阳 | Ⅳ |
| 4 | 辽河 | 巨流河大桥 | 干流 | 沈阳 | Ⅳ |
| 5 | 辽河 | 红庙子 | 干流 | 沈阳 | 劣Ⅴ |
| 6 | 辽河 | 盘锦兴安 | 干流 | 盘锦 | Ⅴ |
| 7 | 辽河 | 曙光大桥 | 干流 | 盘锦 | Ⅴ |
| 8 | 辽河 | 赵圈河 | 干流 | 盘锦 | Ⅳ |
| 9 | 辽河 | 通江口 | 支流 | 铁岭 | 劣Ⅴ |
| 10 | 辽河 | 清河水库入库口 |  | 铁岭 | Ⅱ |
| 11 | 辽河 | 清辽 | 支流 | 铁岭 | 劣Ⅴ |
| 12 | 辽河 | 亮子河入河口 | 支流 | 铁岭 | 劣Ⅴ |
| 13 | 辽河 | 松树水文站 | 支流 | 铁岭 | Ⅳ |
| 14 | 辽河 | 东大桥 | 支流 | 铁岭 | Ⅱ |
| 15 | 辽河 | 柴河水库入库口 |  | 铁岭 | Ⅲ |
| 16 | 辽河 | 凡河一号桥 | 支流 | 铁岭 | Ⅲ |
| 17 | 辽河 | 拉马桥 | 支流 | 沈阳 | Ⅳ |

| 序号 | 河流名称 | 断面名称 | 断面级别 | 测站城市 | 2018 年水质类别 |
|---|---|---|---|---|---|
| 18 | 辽河 | 柳河桥 | 支流 | 沈阳 | Ⅳ |
| 19 | 辽河 | 胜利塘 | 支流 | 盘锦 | Ⅴ |
| 20 | 辽河 | 柳家桥 | 支流 | 盘锦 | 劣Ⅴ |
| 21 | 辽河 | 沟帮子镇 | 支流 | 锦州 | 断流 |

### 2.3.2 水功能区污染现状

辽宁省限制纳污红线考核的水功能区有 180 个，其中辽河流域有 90 个，占 50%。在这 90 个水功能区中，2018 年扣除断流的水功能区外共有达标水功能区 47 个，达标率 55.3%，较合格达标率目标（66.8%）有很大差距；有 20 条支流存在污染严重、水质不达标问题。其中，辽河水系纳入水功能区限制纳污红线考核的有 30 个，2017 年达标 19 个，达标率 63.3%；2018 年达标 11 个，达标率 36.7%。2018 年较 2017 年水功能区水质达标率明显下降。2018 年辽河干流水功能区限制纳污红线考核情况见表 2-2。

**表 2-2　2018 年辽河干流水功能区限制纳污红线考核情况**

| 序号 | 一级水功能区 | 二级水功能区 | 全年全因子评价 | | | 全年水功能区限制纳污红线主要控制项目达标评价 | | | 考核城市 |
|---|---|---|---|---|---|---|---|---|---|
| | | | 年度水质类别 | 达标评价结论 | 主要超标项目 | 年度水质类别 | 达标评价结论 | 主要超标项目 | |
| 1 | 辽河干流铁岭、沈阳开发利用区 | 辽河小莲花过渡区 | 劣Ⅴ | 不达标 | 氨氮、总磷 | 劣Ⅴ | 不达标 | 氨氮 | 铁岭 |
| 2 | | 辽河八天地农业、饮用水水源区 | Ⅴ | 不达标 | 氨氮、总磷 | Ⅴ | 不达标 | 氨氮 | 铁岭 |
| 3 | | 辽河柳河口农业用水区 | Ⅳ | 不达标 | 高锰酸盐指数、五日生化需氧量、氨氮、总磷 | Ⅳ | 不达标 | 高锰酸盐指数氨氮 | 沈阳 |
| 4 | 辽河干流沈阳、鞍山、盘锦开发利用区 | 辽河小徐家房子农业用水区 | III | 不达标 | 高锰酸盐指数、氨氮、五日生化需氧量 | III | 不达标 | 高锰酸盐指数、氨氮 | 沈阳 |
| 5 | | 辽河小徐家房子农业、饮用水水源区 | Ⅳ | 不达标 | 氨氮、石油类 | Ⅳ | 不达标 | 氨氮 | 鞍山 |
| 6 | 辽河河口保护区 | — | Ⅳ | 不达标 | 五日生化需氧量、高锰酸盐指数、化学需氧量、总磷 | Ⅳ | 不达标 | 高锰酸盐指数、化学需氧量 | 盘锦 |

### 2.3.3 水质污染现状

“十二五”期间，辽河保护区管理局整合了环保、水利等现有的监管设施，综合协调和配套完善了检测、信息管理等方面的能力建设，使得辽河水质状况逐渐好转，$NH_3$-N 总体达到了Ⅳ类水质，局部河流水环境已经提升为Ⅲ类水质标准。辽河保护区管理局实施的众多生态恢复措施和水环境污染治理方案已经取得了很大的成效。随着国家和政府部门对辽河保护区实施一系列污染治理和生态恢复政策，“十三五”期间以“水十条”为指导纲领，根据辽河流域涉及的各省《水污染防治目标责任书》，衔接辽河流域各省水污染防治工作方案，已实现如下水环境质量主要目标：辽河流域水质优良（达到或优于Ⅲ类）比例达到 51.2%以上，劣Ⅴ类水体控制在 1.2%之内；完成国家规定的城市建成区黑臭水体治理目标；地级及以上城市集中式饮用水水源水质达到或优于Ⅲ类比例高于 96.3%；地下水质量考核点位水质类别保持稳定且极差的比例控制在 30.8%左右。

调查发现，辽河保护区水质大幅提升，但仍受到支流的影响。辽河干流共有一级支流 33 条，其中无污染或轻度污染支流 11 条，中度污染支流 13 条，重度污染支流 9 条。中度/重度污染支流按污染物质和污染源又可分为工业污染主导型支流（2 条）、农业面源污染主导型支流（7 条）、城市生活污染主导型支流（6 条）、工业污染与城市生活污染混合主导型支流（7 条）。

#### 2.3.3.1 东西辽河

辽河有两源。东源称东辽河，西源称西辽河，两源在辽宁省昌图县福德店汇合，始称辽河[2-4]。辽河分为东辽河、西辽河和辽河干流三段，从废水污染企业分布来看，辽河源头东辽河分布有国家重点废水监控企业 8 家，西辽河分布有国家重点废水监控企业 9 家。从废水污染物质来看，东、西辽河以畜牧行业污染为主，钙、磷超标严重，属于农业污染源。从废水污染城市来看，东辽河废水污染企业主要集中在四平市，西辽河废水污染企业主要集中在通辽市。

#### 2.3.3.2 辽河干流

辽河干流自上游至下游沿程主要流经铁岭市、沈阳市、盘锦市、鞍山市 4 个城市，共有废水污染企业 11 家。从废水污染企业分布来看，盘锦市分布有废水污染企业 5 家，为辽河干流段分布废水污染企业最多的城市；铁岭市分布有废水污染企业 3 家；鞍山分布有废水污染企业 2 家；沈阳市在辽河干流分布有废水污染企业 1 家。从废水污染成分来看，盘锦段废水污染主要是石油化工行业污染，污染物质以石油类污染物为主；铁岭段主要是畜牧行业污染，污染物质以磷为主；沈阳段和鞍山段主要是造纸行业污染，污染物质以木质素、纤维素为主。

通过对辽河干支流污染现状评价可知，影响辽河保护区水质的三个主要方面为：①境外来水污染，包括来自河北，内蒙古，吉林的东、西辽河进入辽宁省时水质时有超标；来自吉林四平市、梨树县的污水通过一级支流招苏台河污染辽河干流，招苏台河入境断面水质常年超标。②来自辽河一级支流的污染物是造成辽河干流污染的主要因素，大部分污染物主要是通过支流输入辽河。③辽河干流有部分排污口，对辽河干流水质也有一定影响，尤其在缺水季节，这类排污口对污染贡献十分突出。影响辽河干流水质恶化的原因主要有以下几个：

（1）城镇生活污染问题未得到有效遏制

城镇污水配套管网建设不完善，城镇生活污水存在直排、雨污水错接混接、外水渗入、溢流污染等现象[5]。部分城镇污水处理设施运行费得不到保障，部分城镇污水处理设施运行不稳定，存在超标排放现象。重点镇污水处理设施建设缓慢。辽河流域内累计建成城镇污水处理厂 119 座，设计处理能力 680 万 t/d，日实际处理量 508.5 万 t。涉及辽河保护区的城镇污水处理厂 18 座，设计处理能力 94.5 万 t/d。干流存在 5 个污水直排口污染源，包括铁岭电厂、铁岭银州区污水处理厂（15 万 $m^3$/d）、铁岭传染病医院、铁岭养马堡村生活及畜禽养殖排污口、盘锦第二污水处理厂（10 万 $m^3$/d）等。除铁岭养马堡村污水治理存在问题外，其他污染源都能够稳定达标，但即使稳定达标，其排水也是劣Ⅳ类水质。

（2）部分支流污染严重

流经城市的河段、城乡接合部和农村人口聚集区的河流沟渠普遍污染比较严重，支流污染已成为制约流域水环境质量改善的主要原因，支流治理任务依然艰巨。2011—2014 年 COD、生化需氧量（BOD）、$NH_3$-N 均存在超标现象，其中 2013 年水质情况较好，2014 年受水量影响水质有所反弹，并且多条支流出现断流。按照 Ⅲ类水质标准，以 2014 年为例，25 条支流 $NH_3$-N 超出Ⅲ类水质控制标准，25 条支流 COD 超出Ⅲ类水质控制标准，占总支流数的 75.8%，22 条支流 BOD、$NH_3$-N 超出Ⅲ类水质控制标准，占总支流数的 66.7%。

（3）农业生产影响较大

根据辽宁统计年鉴（2017）、沈阳统计年鉴（2017）、沈阳农村统计年鉴（2017）和铁岭统计年鉴（2017）等资料，对辽河流域 11 个地区的面源污染进行核算[6-7]，昌图县和新民市生活污水 COD 的排放量分别为 6 390.0 t/a 和 4 271.2 t/a，TP 的排放量分别为 166.8 t/a 和 112.2 t/a，$NH_3$-N 的排放量分别为 225.1 t/a 和 150.3 t/a。辽河上游流经区域畜禽养殖、生活污水、农副产品加工以及种植业的污染物排放均对辽河上游水质造成很大的压力，其中畜禽养殖和种植业污染物的排放量所占比例较大，分别为 36.51%、54.77%。其中昌图县、新民市和开原市的养殖密度和化肥施用强度都较高，这些面源污染通过地表径流和土壤淋溶的方式对地下水和地表水造成长期影响。

辽河保护区的面源污染来源首先是畜禽养殖引起的含量升高；随着近几年经济的发展，农村城镇化进程的加快，农民的生活条件和住房条件逐渐改善，集约化养殖规模不断扩大，使得家畜粪便量不断增加，畜禽养殖业逐渐发展，这些未经处理的家畜粪便和垃圾随意堆放，分解的有机物通过渗透、淋溶等作用大量排入水体。其次，屠宰加工企业、乡镇企业等蓬勃发展，但技术水平低，管理相对落后，缺乏必要的污染防治措施，导致各种垃圾和污水的排放也越来越多，乡镇居民的生活垃圾也是造成流域面源污染的一个重要影响因素，在河滩上随意堆放的垃圾和清掏后的粪便都随地表径流最终进入水体。最后，农田化肥和农药的施用是造成辽河上游流域面源污染的一个重要因素。农田中的化肥和农药随灌溉排水进入水体，使得水体中氮、磷营养元素超标，从而引起水体富营养化。化肥、农药、生长调节剂等农用物资的不科学使用和处置，造成农业面源污染严重。此外，即使在已经建设污水处理厂的乡镇，其污水处理设施建设也普遍滞后，大部分乡镇污水还存在直排现象。农村环境问题十分突出，成为支流的重要污染来源。考虑到辽河支流还有工业废水、农村生活污水、畜禽养殖废水和垃圾等问题，仅仅依靠辽河干流水体的自稀释能力无法达到Ⅲ类水的水质标准，因而在污水厂对村镇、农村入河污染源需要进行水体的深度处理，争取达到Ⅳ类水的水质标准。

## 2.4　生物多样性不足，生态恢复仍需努力

### 2.4.1　“十一五”期间生物状况

辽河河道生态水面不足、滩地裸露、植被稀少、湿地萎缩与破碎化严重，生物多样性显著降低。生态水面不足与湿地植被破坏会导致动、植物的生境破损，栖息地面积逐渐减小，部分适宜生境丧失，进而导致生物种类与丰度急剧下降，生态调控功能严重退化。有资料表明，1980—2009 年，流域内维管束植物由 500 多种减少到 157 种，鸟类由 45 种减少到 9 种，野生哺乳动物由 11 种减少到 5 种，鱼类由 37 种减少到 9 种，两栖动物由 18 种减少到 5 种左右。“十一五”末期，辽河鱼类的种类和数量约为 20 世纪 70—80 年代种数的 1/3，且大部分水域鱼类组成单一，优势种数量可占到群落生物量的 80%以上；底栖动物也同样表现出种类单一的特点；国家二级保护植物野大豆仅有 30 多个种群，珍稀物种面临严重威胁，而外来生物入侵严重（辽河保护区内已发现外来入侵生物有 21 种）。根据 2009 年调查结果，辽河干流有鱼 20 类 397 尾，共计 9 种，分属于鲤科、银鱼科、鲍科和鲇科。群落中 75%以上为鲤科鱼类。鱼类在水层中的分布有上层（银鱼）、中上层（彩鳑鲏等）、中下层（鲫鱼等）和底层（黄颡、怀头鲇）4 种情况，以中

下层鱼类居多，上层及底层鱼类较少。营养结构有杂食性（鲫鱼等）、植食性（鳑鲏）以及肉食性（鲇等）3 种类型，以杂食性鱼类居多。优势种为鲫鱼，彩鳑鲏、餐条鱼是亚优势种；具有经济价值的怀头鲇、有明银鱼、黄颡为珍稀种。辽河干流鱼类以环境耐受性强的小型鱼类鲫鱼和小野杂鱼餐条鱼、彩鳑鲏为主，鱼类食性主要为杂食性，缺乏大型经济肉食性鱼类，反映出辽河干流已基本失去渔业价值。不过铁岭地区干流仍有一定数量的经济鱼类怀头鲇分布，值得关注和保护。

通过 2009 年 8 月对辽河干流 6 个站点水生生物的调查分析可以看出[8]，辽河干流总体处于中度污染状态，鱼类种类组成丰富度低，营养结构单一，多为小型耐污种类。仅铁岭辖区干流鱼类种类和数量相对较多，且发现有少量经济肉食性鱼类分布。该站点底栖动物以轻度污染指示种纹石蚕科种类为主，底栖动物生物量较多，是值得关注的区域。辽河底栖动物群落以中污染水体指示种为主。随着人口密度的持续增加，以前较多为自然生态环境的水域逐渐变成人类生活的区域，致使这类水域受到严重的人为干扰，表现在生境遭到严重破坏、山地林地大规模退化、工农业规模不合理地扩大、生活和工业污水未经处理便排入河流等，致使水生生物资源丰富、种类繁多的河流逐渐地变为种类单一、少数类群或物种成为绝对优势种的水域。对生境条件要求较高的珍稀鱼类（如沙塘鳢）在该水域并未采集到，而作为清洁水体指示物种的襀翅目水生昆虫也同样未出现在该水域。总体来看，辽河水体生态系统结构已遭到损害，较为脆弱，急需实施水体的健康管理。

## 2.4.2 “十二五”期间生物状况

辽河干流及周边动物资源较为丰富，通过湿地调查和原始资料发现，历史上在保护区内共发现脊椎动物 434 种，隶属 36 目 94 科；爬行动物有 3 目 5 科 21 种；鸟类有 16 目 56 科 340 种；哺乳动物有 6 目 11 科 24 种。被列为国家一级重点保护的野生动物 10 种（白鹳、黑鹳、金雕等），占 52.9%；国家二级重点保护的野生动物 28 种（大鸨、白尾鹞等），占 31.8%；省级重点保护动物 76 种（狐、灰鹤等），占 91.6%。保护区内植物种类丰富，是长白山植物区系、内蒙古植物区系和华北植物区系交汇的地区。在整个保护区内，历史上植物种类为 41 科 230 种。其中，代表性的建群种有芦苇、菖蒲、小叶章等。

“十二五”期间，保护区下游的辽宁辽河口国家自然保护区生物多样性保存完好，有植物 38 科 131 种、兽类 21 种、两栖类 5 种、爬行类 10 种、鸟类 58 科 267 种、甲壳类动物 22 科 49 种、软体动物 26 科 63 种、鱼类 57 科 124 种、棘皮动物 21 种、寡毛类动物 11 种、昆虫 77 科 299 种。除双台河口自然保护区生态环境保存完好外，其余区域平原地区动植物资源稀少且种类单一，主要表现在：森林覆被率低，仅 16.07%，且功能单一；原有的乡土植被已基本破坏殆尽，如今植被主要是杨柳树等外来的速生品种和杂草，除草剂的使用使杂草也变得稀少，不适宜大多数动物，包括鸟类的繁衍生息；春秋季辽河干流河滩地已成为沙尘暴的发源地；鱼类资源急剧减少，仅剩耐污染的种类，对生境条件要求较高的珍稀鱼类（如沙塘鳢）濒临绝迹；底栖动物也同样种类单一，作为清洁水体指示物种的水生昆虫在该水域也同样未出现。

### 2.4.3 “十三五”期间生物状况

截至2016年年底，辽河保护区已累计监测到10种植被类型，40余个植物群系；植物58科235种；累计监测到鸟类14科86种。保护区的双台子河入海口建有双台河口国家级自然保护区，每年经保护区迁飞、停歇的候鸟多达183种、数百万只以上，是丹顶鹤最南端的自然繁殖区，也是黑嘴鸥在全球种群数量最大、分布最北、营巢密度最大、居留期最长的繁殖地和栖息地。辽河保护区内分布的国家一级保护鸟类有丹顶鹤、黑鹳、东方白鹳和遗鸥等 9 种，国家二级保护鸟类有黄嘴白鹭、大天鹅、小天鹅和短耳鸮等30余种。

“十三五”期间，辽河保护区鸟类共有25科39属52种，水生生物可分为鱼类与底栖生物两大类，其中鱼类共计8科19属22种，福德店的鱼类种群最为丰富，数量最多，石佛寺区域鱼类种群分布最为均匀。底栖动物有 4 科 4 属 5 种，根据香农-威纳（Shannon-Wienner）多样性指数，马虎山地区底栖动物数量较多，通江口区域底栖动物数量较少。两栖类动物有2科2属3种，其中中华蟾蜍全区域分布。爬行类共计发现1科1属1种，部分区域有分布。相对于鸟类和水生动物而言，两栖、爬行类动物无论种类还是数量均较少。哺乳类动物共有4科4属4种，相对于其他动物而言，哺乳类动物受到外界因素影响较小。

根据区域内的调查，沈阳辽河保护区共有野生植物64科191属295种。其中草本植物占全部植物种数的87.79%，占据绝对优势，乔木占全部植物种数的8.47%；灌木占全部植物种数的2.71%；木质藤本植物仅占全部植物种数的1.01%。按植物生境类型划分可将其分为 3 个类型，陆生植物种类占全部植物种种类的 83.05%，占据绝对优势；湿生植物占全部植物种种类的9.83%；水生植物占全部植物种种类的7.12%。外来入侵植物 14 种，其中月见草、紫苜蓿、秋英、小飞蓬呈现密集分布，对沈阳辽河生态系统构成危害。在沈阳辽河保护区各调查区域中毓宝台的丰富度指数、辛普森多样性指数（Simpson index）与香农-威纳（Shannon-Wienner）指数最高，可知毓宝台区域植物群落物种种类丰富、植物数量大，其主要因素是该调查区域自然条件最为良好。三河下拉植物群落分布最均匀。沈阳辽河保护区下游区域内植物物种最为相似，且沈阳辽河保护区上游至下游相似性指数不断提高，而8个区域内植物群落梯度变化最大的是马虎山，其原因为马虎山区域自然条件较差，受人为放牧干扰严重。

通过近几年来在辽河保护区陆域出现的野生动物物种和植物物种，核算“十二五”

“十三五”时期的物种能量值，结果见表 2-3，可以看出随着保护区的修复治理措施持续发挥作用，辽河保护区的物种能量值呈现持续上升的趋势。

表 2-3 部分年份辽河保护区物种能量值 单位：sej

| 物种类型 | 2011 年 | 2013 年 | 2014 年 | 2017 年 |
|---|---|---|---|---|
| 水生物种 | $9.4\times10^{18}$ | $2.69\times10^{19}$ | $4.92\times10^{19}$ | $1.26\times10^{20}$ |
| 陆生物种 | $7.47\times10^{20}$ | $7.61\times10^{20}$ | $7.59\times10^{20}$ | $8.67\times10^{20}$ |
| 总计 | $7.56\times10^{20}$ | $7.88\times10^{20}$ | $8.08\times10^{20}$ | $9.93\times10^{20}$ |

### 2.4.4 生物多样性影响因素及现状分析

辽河干流现有唯一一座石佛寺水库，主要闸坝为盘山闸[9]。由于闸坝的建设，辽河干流的连续性被破坏，特别是盘山闸所处入海河口区生物侧游通道不畅，鱼类品种单一化；而河流自身结构被分割，抬高河流水位，蓄水形成静止水面，失去水土之间的联系，使得水生植物失去生存的根本，浮游藻类占据生态系统的主导地位，也导致建闸河段发育特征发生改变，将促使其水生生态系统向着 “湖库”的方向发育。水生态系统受损严重，水源涵养和河流净化能力下降，河流断流问题日益突出。人类活动会对河岸带自然生境的恢复进程产生影响，处于较差或差状态的河岸带均有不同程度的放牧情况发生，放牧会影响河岸带植被和土壤环境的恢复，从而阻碍河岸带自然生境的恢复进程。加之水环境破坏造成的物种缺失，流域生态环境自我修复能力下降，河流生态系统综合调控功能减弱，生物多样性水平降低。

辽河保护区秋季降雨丰富，流经农田的地表径流携带的营养盐含量高，营养盐指标能影响水体中底栖生物的繁殖与生长，间接影响鱼类的分布。目前，辽河保护区仍处于植物群落次生演替过程初级阶段，以一年生植物为主体，伴生有几种多年生植物。但汛期部分区段受水体冲刷影响，地表植被破坏殆尽，其演替过程需密切监测。自 2010 年自然封育以来，辽宁省辽河保护区对辽河干流和部分支流实施了河道退耕封育的治理措施，河道生态环境明显改善，生物多样性显著恢复，辽河 538 km 的生态廊道全线贯通，流域内的植物、鱼类、鸟类等野生动物的种类和数量显著增加，湿地面积逐年扩大，河流沿岸生态环境得到明显改善，自然生态链逐步恢复，河流回归天然风貌，逐步形成水清、草绿、林茂的绿色通道和生态长廊；辽河两岸植被覆盖率由治理前的 13.7%提高到 90%以上，大幅改善了辽河流域的生态环境。尽管目前辽河保护区生物多样性有所增加，生境得到一定恢复，但底栖生物仍然具有反弹趋势，生态系统组成（结构）亟须进一步完善，生态系统生物链（能流）需要进一步改善，不断加强生境完整性。

水环境污染直接导致生物资源数量减少，产量降低。由于生物资源过度利用，如过度捕捞和猎捕，湿地生物多样性明显减少[10]。湿地生物群落结构的改变以及多样性的降低，渔业生产管理机构的执法力度相对薄弱，使得鱼类捕捞出现了无度、无序的现象，造成渔业传统资源大量减少，传统经济鱼类已不能形成鱼汛，趋于小型化、低龄化。过度捕捞不仅影响鱼类种群数量与结构，也使食物链受损，对渔业资源的影响更为严重。现在很多渔民的船越造越大，渔网越来越密，将海岸滩涂相连的很多近海鱼虾都捕得干干净净，这种破坏性的捕捞几乎使鱼虾遭受灭顶之灾。在生态环境污染和捕捞强度加大的双重压力下，辽河口海域渔业资源呈衰退趋势，底层鱼类资源逐渐消失，小型中层鱼类储量也在减少。传统优质鱼类，如带鱼、鳓鱼、黄姑鱼、白姑鱼、蓝点马鲛、小黄鱼、鲆鲽类、鳐类、梅童鱼类、鲈鱼和梭鱼等种类和数量越来越少，有的几近绝迹，海蜇资源量下降 80%，难以形成鱼汛。大型底栖经济贝类（如文蛤、毛蚶、四角蛤蜊等）种群数量明显减少，有些种类已局部消失。小型底栖贝类生物量和栖息密度增加，底栖生物群落结构向小型化、低值化演变，底栖生物群落经济价值明显降低。水生生物种类及数量的减少也影响了区域食物链的组成，影响了鸟类取食及驻留，制约了生物多样性保护。由于栖息地的丧失和破碎化、资源过度利用、水环境污染、外来物种入侵等情况，总体上生态环境不断恶化，珍稀野生动植物濒危程度加剧，生物种质资源严重衰退。

鱼类是水生生物食物链的重要一环，数量适宜的鱼类可以有效清洁水体污染物，控制水体富营养化，维持湿地生态系统食物链稳定，维护水体生态平衡[11]。因此，必须通过河道整治，维持河道自然特征；通过加固堤坝，维护堤岸稳定性；控制排污，保证水体质量；建立珍稀鱼种繁育基地，人工增殖放流增加种群数量，改善和优化水域的群落结构；在鱼类繁殖季节，建立禁渔期制度，在已设禁渔期内，全流域一切自然水域禁渔；平时对渔业加强管理，对幼鱼进行放归，珍稀鱼种严禁捕捞。

## 2.5 水资源承载力不足

据初步调查，2001 年河道断流长度为东辽河 65 km、西辽河 100 km、辽河干流 30 km，总计达 195 km。超采地下水形成地下水漏斗区面积约 1 101.5 km$^2$、地下水位最大降深达 13 m。自西辽河至辽河干流，由于水资源大规模开发利用，地下水超采，已形成东北地区最为严重的超采区。人们的生产、生活用水挤占了大量的生态用水，加之植被覆盖率差，河道自然蒸发率高，造成河流生态流量严重不足，甚至出现断流，降低了河流的环境承载力；同时，河道断流问题日趋严重，与相邻的海河流域有诸多相似之处。总之，辽河水资源开发强度大，面临地下水超采、平原河流断流、河口萎缩等一系列生态问题，大范围河道断流与地下水水位下降构成了辽河流域最为严峻的生态用水问题。辽河流域是辽宁全省经济社会发展的中心区域，随着振兴东北老工业基地战略的深入实施，流域工业化和城市化进程将进一步加快，粮食主产区的种植业和加工业将进一步发展，经济社会发展将对水资源提出更高的要求。

辽河流域水资源极度缺乏，属全国重度缺水地区，而各城市耗水量却非常高。工业、农业生产与沿岸居民生活用水量高导致辽河水资源开发过度，而水资源的过度开发又会进一步导致水环境容量不断下降，水环境污染更加严重。辽宁省淡水资源匮乏与分布不均的省情没有变，辽河保护区北方季节性河流降水量相对集中的自然特性没有变。辽河流域人均水资源量 566 $m^3$，比全省人均水资源量低 25.4%，为全国人均水资源量的 1/4，属于资源型缺水地区，全流域水资源开发利用程度为 69.7%，远远超过了国际公认 40% 的警戒线，成为严重的资源性缺水区域。

根据辽宁省近 5 年来的水资源公报统计数据，辽河干流水资源量见表 2-4。

表 2-4 辽河干流水资源量

| 水资源分区及名称 | | | 水资源总量/亿 $m^3$ |
|---|---|---|---|
| 二级 | 三级 | 四级 | |
| 辽河干流 | 柳河口以上 | 石佛寺水库以上区间 | 30.74 |
| | | 石佛寺水库以下区间 | 8.60 |
| | | 柳河 | 3.08 |
| | | 小计 | 42.42 |
| | 柳河口以下 | 柳河口以下区间 | 4.76 |
| | | 绕阳河 | 12.65 |
| | | 小计 | 17.41 |
| | 合计 | | 59.83 |

## 2.6 防洪状况及问题

辽宁省境内辽河干流现有防洪体系主要是以堤防为基础，包括石佛寺水库及支流水库为骨干的防洪工程体系[12,13]。辽宁省内辽河干流两岸建有堤防（含石佛寺水库副坝）总长 656 km，其中 585 km 堤防存在欠高、欠宽、边坡较陡等问题，完全达标堤防仅为 71 km，达标率为 10.8%。调蓄水库方面辽河干流洪水主要受东辽河二龙山水库、西辽河红山水库、清河上的清河水库、柴河上的柴河水库、凡河上的榛子岭水库、寇河支流叶赫河上的南城子水库以及辽河干流上的石佛寺水库的共同控制。辽河河道防洪工程历经几十年的整治取得了显著的成果，但随着两岸经济的发展对防洪安全要求的不断提高和多年的运行破损等，辽河保护区防洪能力仍存在很大缺口，流域内河流安全隐患依然存在，防汛抗旱形势依然严峻，现有防洪工程仍然存在很多问题，主要包括以下几点：

1）部分河段防洪工程与新的规范不符。部分河段防洪工程建设时间较久、防洪标准偏低，与两岸经济发展状况和新的规范不符。辽河干流现有堤防绝大部分建设于 20

世纪 80 年代末，经 30 余年的运行，部分堤段堤顶高程和堤身结构已经达不到原设计标准，并且原堤防设计所依据的规范与《堤防工程设计规范》（GB 50286—2013）在堤防超高及堤防边坡等指标上的规定也有一定差别；另外，石佛寺以上河段河道设计防洪标准也有变化，当前堤防标准偏低。

2）防汛交通体系还不健全。部分有堤段堤顶路面质量较差，无堤段汛期无法保证上下游抢险通道贯通。辽河防汛交通体系有堤段主要依靠堤顶路面，无堤段则寻找较近的公路，目前辽河堤顶路面只有部分具备汛期抢险通车能力，还有相当一部分堤顶路面很差，汛期基本不具备通车能力。无堤段由于无专门的防汛抢险道路，借助的农村乡道不但需要绕行很远且由于养护资金等问题路况也较差，最重要的是无固定路线，很容易造成防汛抢险物资运输车不能在预定时间到达预定地点，降低防汛抢险效率。

3）河势控导工程缺乏维护。一般河道岸坎塌岸严重、河势失稳。针对辽河险工治理各级政府每年都会有固定的资金投入，遇有较大洪水年份还有水毁修复专项资金，但总体来说投资规模仅限于维修和巩固已建险工，对于新建河势控导工程由于投资较大、缺乏投资渠道，最终建设完成的不多，辽河全域或一个区域的险工系统治理则从未施行过。险工以外的一般弯道和顺直、过渡段岸坎多有水流兑岸后形成的近乎直立的陡坎，虽然暂时对河道防洪未构成威胁，但对河滩地的侵蚀却从未停止过。

4）现有堤防沙堤砂基比例仍很高，沙堤砂基存在安全隐患。现有堤防沙堤砂基比例仍很高，洪水期堤防安全状况不容乐观。辽河堤防筑堤土料大部分为堤前河滩地取土，由于辽河滩地黏土较少，土料以粉质黏土和粉细砂为主，其中除地表 0.5～1.0 m 范围内有部分粉质黏土以外，下层土料基本为粉细砂和细砂，因此辽河堤防砂基是普遍现象，而沙堤比例也高达 1/3。辽河干流堤防主要是在原有民堤的基础上经过历次加高培厚形成的，原有的 241 km 砂基沙堤未得到有效处理。在高洪水位下，普遍翻沙冒水，时常出现散浸、管涌等险情，已成为堤防工程的薄弱环节和河道防洪的隐患。虽然在辽河堤防运行中针对堤防后渗漏问题建设了很多戗台进行压盖，但考虑辽河洪水历时可达近一个月的事实对现状沙堤砂基段堤防进行防渗处理仍然非常有必要。

5）内涝严重、河道设障问题突出。辽河干流目前共有排灌站 105 座，几乎都是在 20 世纪 80 年代末改建或扩建的，经多年运行，大部分机电设备出现老化，无法正常运转，导致在 2010 年 6 次强降雨过程中，保护区积水无法及时排向河道，造成十分严重的内涝积水。辽河滩地上种植大量高秆作物，部分河段有成片乔木，存在大量的套堤、大棚及管理房等违章建筑，还有 2 004 户居民的 258 700 $m^2$ 房屋及其他阻水建筑物，这些行洪障碍物阻水严重，导致洪水下泄缓慢，行洪不畅，堤防长时间在水中浸泡，散渗、管涌等险情屡屡出现，危及堤防安全，加重防汛负担。

6）河道设障得以改善，但清障问题又是一主要问题。河道设障情况虽在近两年得以改善，但清障问题仍是辽河防洪安全中仅次于堤防达标问题的又一主要问题。辽河河滩地各种阻水障碍物非常多，虽然辽河凌河保护区管理局成立以来对主行洪保障区内障碍物进行了部分清除和改造，但主行洪区以外平均近 1.2 km 宽的滩地设障情况仍很严重，对河道行洪是一个很大的威胁，因此辽河全域清障作为辽河治理的重要任务之一，必须要给予足够的重视。

7）局部河段的淤积问题仍不容忽视。虽然辽河近年未发生大洪水，整体上河道淤积并不严重，但局部河段的淤积问题仍不容忽视。辽河河道淤积的泥沙主要有两个来源，东西辽河以及柳河，东西辽河目前均建设有库容较大的水库，泥沙下泄量已大大减少，而柳河近年未发生较大洪水，泥沙进入辽河的量也不大，因此总体上近年辽河淤积并不严重。出于辽河防汛抗旱以及生态恢复等目的建设的辽河干流上 12 座橡胶坝以及 2 座潜坝，其库区以及下游淤积仍然引人关注，因此为了恢复各拦河建筑物的蓄水功能，对其上下游河道进行清淤十分必要。

8）部分河段防洪不达标，存在薄弱环节。干流堤防不达标。辽河流域两岸现有堤防 1 827.62 km，不达标堤防为 1 114.2 km，总体达标率仅为 39%，存在的问题主要是高度和宽度不足，最大欠高为 1.5 m。2010 年辽河干流发生中等量级洪水，距堤防保证流量还差 3 000 $m^3/s$，但堤防损毁情况十分严重。据统计，出现 2 614 处雨淋沟及多处管涌和散渗堤段，总长度 76 km，新增险工险段 13 处，给防汛工作造成巨大压力。通过这场洪水可以看出，辽河干流堤防经 30 余年运行，受各种因素影响，其防御洪水灾害的综合能力依然偏低。

9）盘山闸是辽河防洪的重点工程。盘山闸是辽河洪水入海的咽喉，是辽河防洪的重点工程，也是历次防汛中人力、物力投入最多的地方。盘锦市区和辽河油田位于盘山闸下游，防洪安全十分重要。目前盘山闸的泄流能力因远小于上下游河道泄流能力，成为辽河入海的卡口，迫切需要提高闸的泄流能力，安全下泄辽河洪水，确保盘锦市和辽河油田的防洪安全。总之，辽河保护区现存的防洪减灾体系不完善、堤防不达标、存在大量沙堤砂基、险工险段等防洪安全隐患，盘锦、铁岭城市段防洪工程和盘山闸改扩建工程需全力推进，现有条件下辽河保护区防洪减灾形势依然严峻，存在较大风险。

## 2.7 湿地现状

辽河保护区内的湿地面积广布，其主要形成途径包括 4 种：草甸沼泽化、水体沼泽化、滨海湿地的演替和人类活动。辽河保护区内湿地类型复杂、丰富，湿地类型包括：浅水体湿地、苔草、小叶章湿地、深水体湿地、蒲草沼泽湿地、眼子菜湿地、芦苇湿地、翅碱蓬（滩涂）湿地、柳-灌丛沼泽等。自然湿地包括各类沉水、浮水植物湿地，滩涂湿地和河流库塘等水体湿地。辽河保护区内湿地面积为 879.04 $km^2$，占保护区面积的

48.79%，主要湿地资源包括芦苇湿地、坑塘湿地、河流湿地、翅碱蓬湿地、沼泽湿地、滩地和潮间带等，但受人为修饰和干扰严重，干流湿地遭受破坏明显。由于人类活动，尤其是农业活动的不断开展，湿地的面积减少和破碎化程度加剧，这在一定程度上阻碍了湿地生态系统功能的发挥，给湿地生态系统带来较大的压力。为湿地植被和生态功能的恢复增加了障碍。

虽然辽宁省在湿地保护方面已经采取了一系列措施，但不可否认的是，在经济高速发展、区域经济不平衡和人口扩张的背景下，土地和资源需求不断加大、环境污染日益严重，给湿地保护带来巨大的压力。湿地资源不仅是任何物质生产不可替代的生产资料，也是湿地野生动植物等生存所必需的物质条件。近年来，随着经济的快速发展，针对湿地进行的商业性开发、填海造地、围湿造田（鱼塘）等行为造成野生动植物栖息地不断萎缩，严重制约着湿地生态系统的物质循环与能量流动，导致湿地生物多样性降低，湿地生态功能退化。

表 2-5　辽河保护区湿地的主要类型和面积

| 湿地类型 | 面积/km$^2$ | 占湿地总面积比例/% | 占保护区总面积比例/% |
|---|---|---|---|
| 芦苇湿地 | 342.71 | 38.99 | 19.02 |
| 坑塘湿地 | 65.03 | 7.40 | 3.61 |
| 河流湿地 | 191.90 | 21.83 | 10.65 |
| 翅碱蓬湿地 | 9.55 | 1.09 | 0.53 |
| 沼泽湿地 | 0.12 | 0.01 | 0.01 |
| 滩地 | 47.84 | 5.44 | 2.66 |
| 潮间带 | 221.89 | 25.24 | 12.43 |
| 合计 | 879.04 | 100.00 | 48.91 |

由表 2-5 可以看出，芦苇湿地占保护区总面积的 19.02%，占湿地总面积的 38.99%。该类型湿地呈面状分布于辽河下游双台子河入海口处，是保护区内生物多样性最为丰富、湿地动植物保存最为完整的地区。

翅碱蓬湿地和潮间带两种主要的滨海湿地类型是形成于辽河三角洲湿地演替的初期和中期阶段，二者面积比例占湿地总面积的 26.33%，是第二大面积的湿地资源，处于海洋向内陆河流的过渡地段。

河流湿地面积为 191.90 km$^2$，是湿地资源中第三大类型湿地，占湿地总面积的 21.83%。河流湿地区是辽河保护区一级区的重要组成部分，也是辽河保护区的核心和主干。

滩地面积为 47.84 km$^2$，是分布于河流水体附近的一种重要湿地，是水体和其他陆生植被的过渡段，转变成自然湿地或水体的可能性较大，这也说明辽河保护区湿地面积增加和恢复的潜力巨大。

坑塘湿地分布面积为 65.03 km$^2$，在湿地类型中分布面积相对较小，是由天然牛轭湖、挖沙后坑塘等演变而成的。该类型湿地对缓解洪峰、增加保护区蓄水容量具有重要的作用；同时也在周边社区发展渔业生态养殖中发挥重要的作用。

沼泽湿地在湿地资源中所占面积较小，在保护区中的分布较为稀有，湿地群落主要以小叶章等植被物种为优势种。对该类型湿地应该实施重点保护，以促进此类型湿地的扩张和发展，并丰富辽河保护区内湿地类型的多样性，为水禽、小型兽类等提供更多的栖息生境。

### 2.7.1 湿地面积缩减

辽河干流贯穿沈阳、鞍山、铁岭、盘锦等大中城市，受工业化、城市化和新农村建设快速发展的影响较大。流域内人口较为稠密，土地开发利用程度较高，经济活动强度较大，经济社会的快速发展造成对环境资源过度开发，致使河流生态系统遭受严重破坏，河道湿地的面积萎缩和破碎化程度加剧，湿地植被遭受破坏明显，动植物的生境严重受损，生态调控功能严重退化；河流岸滩农田化，在保护区 947.4 km$^2$ 河道滩地内，农田种植面积达到了 758.1 km$^2$，超过滩地总面积的 80%，加之油田占用和个人承包养鱼等原因，河流空间被急剧压缩，动物生境被破坏，栖息地面积逐渐减小，部分适宜生境丧失，生物多样性锐减；部分河段由于采砂等人类活动的干扰，破坏了河道形态，河床或滩地植被被破坏，覆盖率降低，水土流失加重，土壤逐步沙化。由于围海造田、人工养殖等人为因素的影响，相比 1985 年，2017 年辽河口湿地滩涂面积减少了 20 231 hm$^2$。其中，翅碱蓬湿地减少了 7 850 hm$^2$，芦苇湿地减少了 1 067 hm$^2$，水域面积增加了 6 693 hm$^2$，天然湿地面积损失率达 16.67%。

### 2.7.2 湿地破碎化加剧

辽河口湿地油气开发工程分布较多，自 20 世纪 70 年代，辽河口滨海湿地上先后建成了兴隆台采油厂、欢喜岭采油厂和曙光采油厂。“八五”期间，石油开发占用自然湿地 31 900 hm$^2$。1977—2005 年，农田、村庄、道路及油井占自然湿地面积比例由 4.1%增至 8.4%，自然湿地面积以每年 0.43%的速度减少，区域综合开发使自然湿地面积减少 37 900 hm$^2$。滩涂围海养殖发展迅猛，目前辽河口西岸围海养殖面积达 5 600 hm$^2$，滩涂湿地被大量占用，导致湿地破碎化，生物栖息地丧失，生物多样性下降；水体的净化能力下降，入海水质变差；生物资源衰退，湿地分布格局发生改变，生态系统服务功能退化。

### 2.7.3 湿地净化能力减弱

辽宁省近年来全力加强水环境污染的治理力度，取得一定成效，但水环境形势仍存在较大问题。辽河流域水环境污染严重，污染持续，历史长久。近 10 年的监测结果表明，辽河口周边入海排污口废水超标排放现象普遍存在，流入海域的污染物总量呈逐年增加趋势，水质状况持续较差，大部分处于劣Ⅳ类。超标排放因子中最严重的是氮、磷，其次为石油类和多种重金属，尤其是支流，大量排放工业废水和生活污水以及无节制使用农药和化肥等多种原因，使湿地水体受到严重污染，生态功能严重退化。由于城市生活污水及农药和化肥过量使用，湿地受到氮、磷等营养物质的污染。稻田等人工湿地由于大量使用化肥、农药、除草剂等化学产品，已成为湿地的污染源，进而影响水体质量。由于大多数农药以喷雾剂的形式喷洒于农作物上，其中只有 10%左右的药剂附着在作物体上，约有 80%的农药直接进入环境。飘浮在大气或存在于土壤中的农药通过降水、地表径流和土壤渗透进入水体，最后导致水环境质量的恶化。

### 2.7.4 湿地水资源利用存在不合理现象

湿地水资源的不合理利用使生态环境用水得不到保障，引发许多生态问题。因过度从湿地取水，辽宁省中西部地区湿地水文受到威胁。近年来盘锦市由于天然降水的减少，境内水资源短缺。现有的 8 万 $hm^2$ 芦苇湿地，在芦苇的生长期需要“三排三灌”才能满足其正常生长，每年需淡水约 7 亿 $m^3$。由于水资源短缺，只能在春季水田灌溉前调度约 3 亿 $m^3$ 的春汛水和潮水进行一次灌溉，淡水缺口达 4 亿 $m^3$，严重影响芦苇的生长。此外，辽河上游地区水资源开发利用程度偏高，用水量大，也加剧了双台子河口淡水资源的短缺程度。加之周边地区大面积水稻灌溉用水，使湿地生态用水紧张，每年需从白石水库调水维持湿地生物资源的正常生长。水资源的短缺、上游的无计划拦水灌溉，造成下游河道缺水断流。水资源的不合理利用阻碍着湿地的健康发展。事实上，自西辽河至辽河干流，由于水资源大规模开发利用，地下水超采，已形成东北地区最为严重的超采区。同时，河道断流问题日趋严重，与相邻的海河流域有诸多相似之处。总之，辽河水资源开发强度大，面临地下水超采、平原河流断流、河口萎缩等一系列生态问题，大范围河道断流与地下水水位下降构成了辽河流域最为严峻的生态用水问题。

### 2.7.5 旅游开发使湿地受到影响

湿地具有美学、休闲娱乐等价值。依托湿地资源进行科学的旅游开发，是湿地资源利用的一个主要方式，在为人们提供精神需要的同时，也有利于湿地资源的保护。但不依据湿地生态规律盲目开发建设，会对湿地生态环境造成多种不良影响。人工景点、人为设施的无序投入，使湿地失去了独特性与自然性，湿地特有的美学价值降低。河流、库塘、湖泊驳岸的强制性硬化，使湿地资源丧失了与外部环境的物质与能量的交换，使湿地野生植物失去生长场所，湿地野生动物特别是两栖动物因环境的改变而被迫迁移，生物多样性下降。旅游开发缺乏保护理念，对人类活动的控制性差，造成湿地动植物栖息地被破坏。湿地资源的不合理开发建设、短视行为，对湿地生态旅游的持续发展也会造成危害。

## 2.8 监督执法现状

### 2.8.1 河长制、湖长制建设现状

2018 年，辽宁省河长制办公室按照省委、省政府的安排部署和《水利部、环境保护部关于印发贯彻落实〈关于全面推行河长制的意见〉实施方案的函》《水利部贯彻落实〈关于在湖泊实施湖长制的指导意见〉的通知》等的工作要求，强化组织领导，完善体制机制，统筹各方力量，于 2018 年 6 月 30 日全面建立了河长制、湖长制。

### 2.8.2 水政监察体制现状

目前，水行政主管部门依法查处各类水事违法行为，依法实施行政处罚和行政措施。将分散在水资源、河道、水保等领域的执法职能整合，按照水政综合执法的要求以及“归口管理、综合执法、协调配合、各负其责”的原则，依法进一步整合执法职能、执法力量，明确工作职责、划分职责权限、落实执法责任，实行“一个窗口对外”。

### 2.8.3 水政与公安联合执法机制

2013 年，辽宁省水利厅、辽宁省公安厅制定了《关于水政监察机构、江河流域公安机关联合执法的指导意见》，建立了水政、公安执法联动机制，通过日常联合巡查、设立举报电话等方式，拓宽沟通渠道，强化信息交流，推进执法办案信息共享，增强了水行政执法的威慑力。2018 年，辽宁省出台了《辽宁省省级河长制部门联合执法工作制度》。几年来，水政和公安部门联合执法在打击河道非法采砂、盗采水资源及维护水利工程管理秩序等方面取得了较大成绩。

# 第 3 章　辽河保护区河流健康评价指标体系构建

## 3.1　河流健康评价内涵

健康的理念应用于河流，起始于 20 世纪 80 年代的欧美和澳大利亚[14-16]。河流是地球表面水循环、碳循环、营养物质循环和泥沙循环的载体，也是哺育人类历史文明的伟大摇篮[17]。在大规模的经济开发和全球气候变化双重因素交互作用下，河流表现出不同程度的健康问题，我们需要保护和治理河流，实现流域及区域整体水资源的可持续利用。但是河流是复杂和变化的，而且研究者的研究背景和评价角度千差万别，所以目前还没有确切的概念阐述[18]。基于辽河保护区的现状及实际情况，辽河保护区河流健康评价应包含公众对河流的环境期望、河流对人类的服务价值，必须依赖社会系统的判断，对河流健康状况进行评价，以满足河流生态功能及可持续发展的要求。因此，本章从水文水资源、物理结构、水质、水生物、社会属性等方面构建辽河保护区河流健康评价体系。

## 3.2　辽河保护区河流健康评价指标体系构建

一个具体指标能够反映一定时间尺度上事物的状态，通常指标并不是孤立存在的，而是形成的一个有机整体共同发挥作用，所以指标体系是由客观存在的、有代表性的、相互联系和制约的若干个指标组成的一个科学指标群[19-24]。构建科学合理的指标体系是河流健康评价的基础，在很大程度上决定了评价的可行性和结果的适宜性。

### 3.2.1　评价指标筛选依据

河流是一个多因素综合系统，其评价指标涉及水资源学、水文学、地貌学、生态学等多个学科和领域，这需要从众多的原始数据和评价信息中筛选出具有代表性的指标，来反映辽河保护区河流的实际特点，为辽河保护区河流的开发、治理和保护提供科学依据。河流健康评价指标体系的构建应遵循以下原则[25-28]：

（1）科学性和代表性

①评价指标必须有科学的内涵、准确地计算和统计方法，能够反映出时间和空间上河流的变化特征；

②评价指标体系可以清晰指示河湖健康-环境压力的响应关系，能识别河湖健康状况并揭示受损成因；

③根据代表性指标与代表性水域及其断面进行评价，能完整描述河湖健康状况。

（2）整体性和层次性

①河流是一个复杂的动态系统，选取指标体系要能够从物理、化学、生物等各角度全面、整体表征河流健康状况；

②指标体系涉及水文、环境、资源等各方面，所以需要按等级结构分层次建立指标体系，明确评价框架，降低系统复杂性，提高工作效率；

③可以从各方面直观判断河流水生态的健康状况，便于分析和诊断河流存在的问题，其结果更加准确。

（3）定性与定量相结合

定量指标可以准确、客观和简便地描述河流特征，在目前的认知水平下河流水生态健康评价中有些指标难以量化但意义重大，所以只能定性评价，这就需要采用公众参与和专家评判的方式进行研究。构建的指标体系既要有定量指标又要有定性指标，这样的指标体系才更具有说服力和可接受性，才能准确评价河流健康状况。

（4）区域性和可操作性

每条河流都具有自己的特性，所以必须通过实地考察结合当地的自然地理属性、社会属性以及人文历史属性选取适合辽河保护区河流水生态的评价指标；同时，选取的指标也要易于收集和测定，方便计算和分析，具有较强的可行性和可操作性，并且要尽量降低成本。

（5）简明性和规范性

选取的指标必须简单明了和结构清晰，易于专业人士掌握和非专业人士明白；评价指标的内容和方法必须做到统一和规范，能对不同时期、不同发展阶段的河流健康状况进行比较，便于对河流水生态健康状况和发展规律进行分析和研究。

### 3.2.2 指标体系构建步骤

基于评价指标的构建原则，结合国内外相关研究及地方标准，指标体系构建步骤如下：

1）确定评价尺度。通过全面收集河流健康状况研究资料，并根据辽河保护区河流的管理需求和功能定位，确定河流健康评价研究是针对整个流域、整条河流还是某一河段。不同的评价尺度对相应的评价指标有时是不同的[29]。

2）收集数据资料、实地调研。确定评价尺度后，需要大量收集辽河保护区河流包含的自然、地理、历史、生态等资料，并进行实地考察，从而确定亟须解决的辽河保护区河流健康问题。

3）初拟评价指标。采用频率统计法和理论分析法对国内外河流健康评价相关研究中涉及的指标进行分析，并根据地方和国家标准文件及河流实际情况，咨询专家，从而尽可能多地提取河流健康评价指标。

4）筛选评价指标。遵循构建原则，初步筛选指标，并通过咨询专家和参考相关法规、标准，以及指标数据获取程度对指标体系进行不断补充和调整，最终确定辽河保护区河流健康评价指标体系。

### 3.2.3　评价尺度的确定

河流对自然和人类干扰的响应是在一定时空尺度上发生的，并且河流系统的结构和功能随着时间的变化会发生变化[30-31]。评价尺度的选取对于河流健康评价结果的科学性和准确性至关重要，需要根据研究区域的实际情况，并结合收集的文献资料情况，综合确定河流健康评价的时空尺度。

空间尺度。河流水健康评价一般包括流域、水系、河流、河段、断面和微生物 6 个空间尺度[32]。本章研究以辽宁省境内的辽河即辽宁省建立的辽河保护区为研究对象，辽河保护区的功能辐射范围包括铁岭、沈阳、鞍山和盘锦 4 个市。构建的评价指标体系中有些指标是河段尺度下得到的，有些指标是断面尺度下得到的，极个别指标是在流域尺度下得到的，所以本章的河流健康评价尺度是流域、河段和断面的综合空间尺度，以监测断面为主。

时间尺度。河流健康评价可以分为短期、中期和长期 3 个时间尺度。短期一般用于特定时间点上（例如，一年内的特定时间点，旬、月或季等短时间点）的河流健康状况，健康状况主要反映在河流的断面或者点上。中期一般指几年的时间段，一般用于反映人类活动干扰或者河流管理措施对河流健康状况的影响，河流健康状况一般反映在河流河段或者整条河流上。长期一般指几十年乃至上百年的时间，一般用在流域尺度上，全面分析河流系统的基本特征和动态变化。本章结合辽河保护区的时间情况和指标资料的获取难易程度，以及数据的真实性和可靠性，对河流健康评价的时间尺度选择 3 年（“十二五”“十三五”时期两个时间段）。

### 3.2.4　评价指标体系的初拟

通过收集和阅读大量的河流健康评价研究文献，发现多层次指标框架体系比较适合辽河保护区河流健康评价。基于国内外河流健康评价，在参考国外 RCE、ISC[33-35]等评价指标体系及国内健康长江[36-37]、健康黄河[38-40]和健康大凌河[41-42]等评价指标体系的基础之上，基于辽宁省地方标准《辽宁省河湖（库）健康评价导则》（DB21/T 2724—2017）及中华人民共和国水利行业标准《河湖健康评价技术导则》（SL/T793—2020）开展辽河保护区河流健康评价，并根据辽河保护区实际情况对评价指标及方法进行改进。结合上述文件及辽河保护区实际情况，构建了由目标层、准则层和指标层形成的辽河保护区河流健康状况评价的指标体系；然后运用频率统计法（针对目前类似于辽河保护区河流状况的相关河流健康评价的研究报告和论文进行频率统计，选择一些使用频度较高的评价指标）、理论分析法（基于河流健康的内涵、河流特点和存在的主要问题进行整合，挑选出重要的和目的性较强的指标），初步提取出具有较高关注度、能全面表征辽河保护区河流健康状况的水文水资源、物理结构、水质、水生物、社会属性等各方面的评价 16 项指标（表 3-1），初拟的河流健康评价指标体系涵盖各个方面，但是这些指标有些难以简单测量和描述，有些指标之间存在交叉与联系，所以初拟指标取舍存在很大余地。

**表 3-1 辽河保护区河流健康评价指标初拟**

| 目标层 | 准则层 | 指标层 |
|---|---|---|
| A 辽河保护区河流健康评价 | 水文水资源 | 流量过程变异程度 |
| | | 生态流量满足程度 |
| | 物理结构 | 河岸带状况 |
| | | 河流连通状况 |
| | 水质 | 溶解氧状况 |
| | | 耗氧有机污染物状况 |
| | | 重金属污染状况 |
| | 水生物 | 大型底栖动物生物多样性指数（B-IBI） |
| | | 鱼类多样性指数（$H$） |
| | | 陆生动物群落结构 |
| | | 鸟类栖息地状况 |
| | 社会属性 | 水功能区达标率 |
| | | 水资源开发利用率 |
| | | 防洪保证率 |
| | | 公众满意度 |
| | | 历史文化价值指数 |

## 3.2.5 关键评价指标的确定

通过对初拟辽河保护区河流水生态健康评价指标进行分析，发现指标还存在一些不合理性，取舍余地很大，所以必须要对初拟指标进一步筛选、聚类和咨询有关专家的意见，对指标做出调整[43-46]。

普遍的共性指标予以保留。对于一些普遍使用的可以表征河流健康状况的共性指标，予以保留。如水文水资源中的生态流量满足程度，水质的 DO、COD、$BOD_5$ 和 $NH_3$-N，水生物中的鱼类多样性指数、大型底栖动物生物多样性指数，社会属性中的水资源开发利用率、公众满意度、防洪保证率等。

相关性指标聚类筛选。有些指标含义之间存在些许的交叉和关联，使得河流某一方面多次参与评价，从而影响河流健康评价结果的准确性，所以需要对这些指标重新聚类筛选出更具有代表性的指标。如：水质中的 COD、$NH_3$-N、$BOD_5$ 与高锰酸盐指数均表征河流耗氧有机污染物状况，因此本书选择数据比较完整的 COD、$NH_3$-N、$BOD_5$ 来代表河流耗氧有机污染物状况。

具有区域性的个性指标保留。辽河保护区河流接纳了铁岭、沈阳、鞍山和盘锦等沿途城市的工业废水和生活污水，而且辽河保护区面积比例最大的土地利用类型为农田，约为 41.22%，所以大量的农业面源污染也导致辽河保护区河流水质状况不容乐观。辽河保护区河流主要污染物是 COD 和 $NH_3$-N，所以 $NH_3$-N 是表征河流水质健康状况的一个重要指标。

获取困难的指标予以删除。准则层水文水资源中的流量过程变异程度，水生物中的陆生动物群落结构、鸟类栖息地状况，社会属性中的历史文化价值指数等指标，在现有条件下无法准确获得，故对其予以删除。通过以上对初拟指标的补充与完善，最终基于河流健康内涵、辽河保护区河流实际情况以及国内外河流水生态健康研究文献，构建了由 1 个目标层、5 个准则层和 12 个指标层形成的适合辽河保护区河流健康评价的指标体系，见表 3-2。

表 3-2 辽河保护区河流健康评价指标体系

| 目标层 | 准则层 | 指标层 |
|---|---|---|
| A 辽河保护区河流健康评价 | $B_1$ 水文水资源 | 生态流量满足程度 |
| | $B_2$ 物理结构 | 河岸带状况 |
| | | 河流连通状况 |
| | $B_3$ 水质 | 溶解氧状况 |
| | | 耗氧有机污染物状况 |
| | | 重金属污染状况 |
| | $B_4$ 水生物 | 大型底栖动物生物多样性指数 |
| | | 鱼类多样性指数 |
| | $B_5$ 社会属性 | 水功能区达标率 |
| | | 水资源开发利用率 |
| | | 防洪保证率 |
| | | 公众满意度 |

目标层：***A*** 辽河保护区河流健康评价，是对河流指标体系的总体概括，反映辽河保护区河流健康状况的总体水平。

准则层：从 5 个方面反映辽河保护区河流水生态的健康状况，其中包括 $\boldsymbol{B_1}$ 水文水资源、$\boldsymbol{B_2}$ 物理结构、$\boldsymbol{B_3}$ 水质、$\boldsymbol{B_4}$ 水生物、$\boldsymbol{B_5}$ 社会属性。

指标层：从 5 个准则层下设立以生态流量满足程度、河岸带状况等 12 个具体指标，以定量指标为主、定性指标为辅，能够更加详细、全面评判辽河保护区河流健康状况。

## 3.3 辽河保护区河流健康评价指标标准确定方法

构建河流健康评价指标体系的根本目的在于通过选择适当的评价指标，科学客观地反映和衡量河流所处的状态，识别和诊断制约河流健康的因素，从而为河流的可持续管理指明方向，因此需要从众多的原始数据和评价信息中筛选出便于度量的、内涵丰富的主导性指标作为评价指标。由于每个评价指标都存在一定的评价标准，故本书河流健康评价指标标准通过以下方法确定[47-54]：

参考点位法。基于评价河流所在生态分区的背景调查，按照频率分析方法确定参考点，根据参考点状况确定评价指标标准。如水生物准则层中的鱼类和底栖动物指标。

现有标准法。根据现有标准或在河流管理工作中广泛应用的标准确定评价指标标准。如水质准则层中的水质指标，采用《地表水环境质量标准》（GB 3838—2002）模型推算法。基于典型调查数据及评价成果确定指标标准。

基于专家判断或管理预期目标确定评价指标标准。

基于上述方法，辽河保护区河流健康评价指标标准见表 3-3。

表 3-3 辽河保护区河流健康评价指标标准

| 指标层 | 等级 | | | | |
|---|---|---|---|---|---|
| | 理想状况（Ⅰ级） | 健康（Ⅱ级） | 亚健康（Ⅲ级） | 不健康（Ⅳ级） | 病态（Ⅴ级） |
| 生态流量满足程度/% | ＞120 | 100～120 | 80～100 | 60～80 | ≤60 |
| 河流连通状况 | 无阻隔 | 轻度阻隔（有鱼道、下泄流量满足生态基流要求） | 阻隔（无鱼道、下泄流量满足生态基流要求） | 严重阻隔（无鱼道、下泄流量不满足生态基流要求） | 完全阻隔（断流） |
| 水生生境干扰指数（$N$） | 0 | $0<N\leqslant 25$ | $25<N\leqslant 50$ | $50<N\leqslant 75$ | $75<N\leqslant 100$ |
| 河岸带状况 | 极好 | 好 | 一般 | 差 | 极差 |
| DO/（mg/L） | ＞6.0 | 5.0～6.0 | 3.7～5.0 | 2.5～3.7 | ≤2.5 |
| COD/（mg/L） | ≤15.0 | 15.0～17.5 | 17.5～20.0 | 20.0～30.0 | 30.0～40.0 |
| $BOD_5$/（mg/L） | ≤3.0 | 3.0～3.5 | 3.5～4.0 | 4.0～6.0 | 6.0～10.0 |

| 指标层 | 等级 | | | | |
|---|---|---|---|---|---|
| | 理想状况（Ⅰ级） | 健康（Ⅱ级） | 亚健康（Ⅲ级） | 不健康（Ⅳ级） | 病态（Ⅴ级） |
| $NH_3$-N/（mg/L） | ≤0.15 | 0.15～0.5 | 0.5～1.0 | 1.0～1.5 | 1.5～2.0 |
| 砷/（mg/L） | ≤0.05 | 0.05 | 0.05 | 0.1 | 0.1 |
| 汞/（mg/L） | ≤0.00 005 | 0.00 005 | 0.0 001 | 0.001 | 0.001 |
| 镉/（mg/L） | ≤0.001 | 0.005 | 0.005 | 0.005 | 0.01 |
| 铬/（六价）（mg/L） | ≤0.01 | 0.05 | 0.05 | 0.05 | 0.1 |
| 铅/（mg/L） | ≤0.01 | 0.01 | 0.05 | 0.05 | 0.1 |
| 大型底栖生物多样性指数（B-IBI） | ＞3.66 | 2.75～3.66 | 1.83～2.75 | 0.92～1.83 | ＜0.92 |
| 鱼类多样性指数（$H$） | ＞3 | 2.4～3 | 1.2～2.4 | 0.6～1.2 | ＜0.6 |
| 水功能区达标率/% | ＞80 | 60～80 | 40～60 | 20～40 | ≤20 |
| 水资源开发利用率/% | ＜20 | 20～30 | 30～40 | 40～50 | ＞50 |
| 防洪保证率/% | 90～100 | 90～80 | 80～70 | 70～60 | ＜60 |
| 公众满意度 | 很满意 | 满意 | 基本满意 | 不满意 | 很不满意 |

## 3.4　河流健康评价指标的定义、计算方法及赋值标准

### 3.4.1　水文水资源指标

牛态流量满足程度指标是指将河流生态系统结构和功能维持在一定水平所需要的流量过程，用以评价河流流量过程的生态适宜程度。

对于常年性河流，生态流量满足程度指标表达式如下：

$$\mathrm{EF}_1=\min\left[\frac{q_{\mathrm{d}}}{\bar{Q}}\right]_{m=10}^{3} \tag{3-1}$$

$$\mathrm{EF}_2=\min\left[\frac{q_{\mathrm{d}}}{\bar{Q}}\right]_{m=4}^{9} \tag{3-2}$$

式中：$\mathrm{EF}_1$ —— 4—9 月日流量占多年平均流量的最低百分比，%；

$\mathrm{EF}_2$ —— 10 月—翌年 3 月日流量占多年平均流量的最低百分比，%；

$\bar{Q}$ —— 多年平均流量，$m^3/s$，采用不低于 30 年的系列水文监测数据推算；

$q_{\mathrm{d}}$ —— 评价年实测日流量，$m^3/s$。

对于季节性河流，它的指标表达式如下：

$$\mathrm{EF}_1=\min\left[\frac{q_{\mathrm{d}}}{Q_{生态}}\right]_{m=10}^{3} \tag{3-3}$$

$$\mathrm{EF}_2=\min\left[\frac{q_{\mathrm{d}}}{Q_{生态}}\right]_{m=4}^{9} \tag{3-4}$$

式中：$\mathrm{EF}_1$ —— 4—9 月日流量占生态基流量的最低百分比，%；

$\mathrm{EF}_2$ —— 10 月—翌年 3 月日流量占生态基流量的最低百分比，%；

$Q_{生态}$ —— 河流生态基流量，$\mathrm{m^3/s}$；

$q_{\mathrm{d}}$ —— 评价年实测日流量，$\mathrm{m^3/s}$。

其中河流生态基流量可采用下列方法确定：

①多年平均流量的 10%；

②4—9 月取多年平均流量的 20%；

③10 月—翌年 3 月取多年平均流量的 10%。

常年性、季节性河流生态流量满足程度评价赋分值分别见表 3-4、表 3-5。

**表 3-4 常年性河流生态基流量满足程度指标赋分标准**

| 分级 | 栖息地等定性描述 | 基流标准（年平均流量百分数） | | 赋分 |
|---|---|---|---|---|
| | | $\mathrm{EF}_1$：一般水期（10 月—翌年 3 月） | $\mathrm{EF}_2$：鱼类产卵育幼期（4—9 月） | |
| 1 | 极佳 | ≥200% | ≥200% | 100 |
| 2 | 最佳 | 60%～100% | 60%～100% | 100 |
| 3 | 极好 | 40% | 60% | 100 |
| 4 | 非常好 | 30% | 50% | 100 |
| 5 | 好 | 20% | 40% | 80 |
| 6 | 一般 | 10% | 30% | 40 |
| 7 | 差 | 10% | 10% | 20 |
| 8 | 极差 | ＜10% | ＜10% | 0 |

**表 3-5 季节性河流生态基流量满足程度指标赋分标准**

| 分级 | 栖息地等定性描述 | 基流标准（年平均流量百分数） | | 赋分 |
|---|---|---|---|---|
| | | $\mathrm{EF}_1$：一般水期（10 月—翌年 3 月） | $\mathrm{EF}_2$：鱼类产卵育幼期（4—9 月） | |
| 1 | 极好 | ＞140% | ＞160% | 100 |
| 2 | 非常好 | 140% | 160% | 100 |
| 3 | 好 | 120% | 140% | 80 |

| 分级 | 栖息地等定性描述 | 基流标准（年平均流量百分数） | | 赋分 |
|---|---|---|---|---|
| | | $EF_1$：一般水期（10 月—翌年 3 月） | $EF_2$：鱼类产卵育幼期（4—9 月） | |
| 4 | 较好 | 100% | 120% | 60 |
| 5 | 一般 | 80% | 100% | 40 |
| 6 | 差 | 60% | 80% | 20 |
| 7 | 极差 | <40% | <60% | 0 |

## 3.4.2　物理结构指标

### 3.4.2.1　河岸带状况

该指标反映河岸稳定性、河岸带植被覆盖度、河岸带人工干扰程度3个方面的状况。其中河岸稳定性指岸坡倾角、河岸高度、河岸基质和河岸冲刷状况；河岸带植被覆盖度指在单位面积内植被的垂直投影面积所占百分比；河岸带人工干扰程度指人类活动对河岸带及其邻近陆域的影响程度。河岸带状况指标赋分按式（3-5）计算：

$$RSr = BKSr \times BKSw + BVCr \times BVCw + RDr \times RDw \tag{3-5}$$

式中：RSr —— 河岸带状况指标赋分；

BKSr —— 河岸稳定性赋分；

BVCr —— 河岸带植被覆盖度赋分；

RDr —— 河岸带人工干扰程度赋分；

BKSw —— 河岸稳定性权重，取 0.25；

BVCw —— 河岸带植被覆盖度权重，取 0.5；

RDw —— 河岸带人工干扰程度权重，取 0.25。

河岸稳定性赋分按式（3-6）计算：

$$BKSr = \frac{SAr + SHr + SMr + STr}{4} \tag{3-6}$$

式中：BKSr —— 河岸稳定性赋分；

SAr —— 岸坡倾角赋分；

SHr —— 岸坡高度赋分；

SMr —— 河岸基质赋分；

STr —— 河岸冲刷状况赋分。

河岸稳定性、河岸带植被覆盖度、河岸带人工干扰程度赋分标准分别见表3-6～表3-8。

表 3-6 河岸稳定性赋分标准

| 岸坡倾角/（°） | ≤15 | 30 | 45 | ≥60 |
|---|---|---|---|---|
| 岸坡高度/m | ≤1 | 2 | 3 | ≥5 |
| 河岸基质（类别） | 基岩 | 岩土 | 黏土 | 非黏土 |
| 河岸冲刷状况 | 无冲刷迹象 | 轻度冲刷 | 中度冲刷 | 重度冲刷 |
| 总体特征描述 | 稳定。近期内河岸不会发生变形破坏，无水土流失现象 | 基本稳定。河岸有松动发育迹象，有水土流失迹象，但近期不会发生变形和破坏 | 次不稳定。河岸松动，裂痕发育趋势明显，一定条件下可以导致河岸变形和破坏，中度水土流失 | 不稳定。河岸水土流失严重，随时可能发生大的变形和破坏，或已经发生破坏 |
| 赋分 | 90 | 75 | 25 | 0 |

表 3-7 河岸带植被覆盖度度赋分标准

| 植被覆盖度 | 说明 | 赋分 |
|---|---|---|
| 0 | 无植被覆盖 | 0 |
| 0～10% | 植被稀疏 | 25 |
| 10%～40% | 轻度覆盖 | 50 |
| 40%～75% | 中度覆盖 | 75 |
| 75%～85% | 重度覆盖 | 90 |
| ＞85% | 极重度覆盖 | 100 |

表 3-8 河岸带人工干扰程度赋分标准

| 序号 | 人类活动类型 | 所在位置 | | |
|---|---|---|---|---|
| | | 河道内 | 河岸带 | 河岸带临近陆域（小河 10 m 以内，大河 30 m 以内） |
| 1 | 河岸硬性护砌 | — | -5 | — |
| 2 | 采砂 | -30 | -40 | — |
| 3 | 沿岸建筑物（房屋） | -15 | -10 | -5 |
| 4 | 公路（或铁路） | -3 | -5 | -3 |
| 5 | 垃圾填埋场或垃圾堆放 | — | -40 | -30 |
| 6 | 河滨公园 | — | -5 | -2 |
| 7 | 农业耕种 | — | -15 | -5 |
| 8 | 畜牧养殖 | — | -10 | -5 |

注：无人类活动类型的河流赋分为 100 分，根据出现人类活动类型及其所在位置减去相应的分值，直至 0 分。

### 3.4.2.2 河流连通状况

河流连通状况反映河流对鱼虾等生物物种迁徙及水流与营养物质传递的连通状况。

河流连通状况赋分按式（3-7）计算：

$$\mathrm{RCr} = 100 + \min\left[(\mathrm{DAMr})_i, (\mathrm{GATEr})_j\right] \tag{3-7}$$

式中：RCr —— 河流连通状况赋分；

$(\mathrm{DAMr})_i$ —— 评价的河流内第 $i$ 座大坝阻隔赋分；

$(\mathrm{GATEr})_j$ —— 评价的河流内第 $j$ 座水闸阻隔赋分。

闸坝阻隔赋分标准见表3-9

表3-9　闸坝阻隔赋分标准

| 水量及物质流通阻隔特征 | 赋分 |
|---|---|
| 无闸坝，对径流没有调节作用 | 0 |
| 闸坝对径流有调节作用，下泄流量满足生态基流 | −25 |
| 闸坝对径流有调节作用，下泄流量不满足生态基流 | −75 |
| 部分时间导致断流 | −100 |

## 3.4.3　水质指标

### 3.4.3.1　溶解氧状况

溶解氧状况反映水体中溶解氧浓度，对水生动植物十分重要，过高和过低的溶解氧对水生生物均造成危害，适宜值为4～12 mg/L。

根据溶解氧水质监测资料，整理统计全年月均浓度，按照汛期和非汛期分别进行平均，分别对汛期和非汛期溶解氧状况赋分，取其最低赋分为溶解氧状况的赋分。指标赋分标准见表3-10。

表3-10　溶解氧状况指标赋分标准

| 溶解氧/（mg/L） | ≥7.5 | 6 | 5 | 3 | 2 | 0 |
|---|---|---|---|---|---|---|
| 赋分 | 100 | 80 | 60 | 30 | 10 | 0 |

### 3.4.3.2　耗氧有机污染物状况

耗氧有机污染物状况作为氧平衡指标，表征水体的活力和自净能力。其中有机污染消耗的氧量、形态变化对DO产生影响的$NH_3$-N以及DO本身的含量，都会影响着河流生态系统功能的正常发挥，反映水体中DO大幅度下降的有机污染物，也是评价河流有机污染的重要指标，包括高锰酸盐指数（$COD_{Mn}$）、化学需氧量（COD）、五日生化需氧量（$BOD_5$）、氨氮（$NH_3$-N）等指标对河流耗氧污染状况，本课题由于 $COD_{Mn}$ 数据不全，因此，只对其他 3 项指标进行评价。

根据水质监测资料，分别整理统计评价年的 12 个月月均浓度，按照汛期和非汛期分别进行平均，分别对水质项目汛期和非汛期进行赋分，取其最低赋分为水质项目的赋分：

$$OCPr = \frac{CODr + BOD_5r + NH_3\text{-}Nr}{3} \tag{3-8}$$

式中：OCPr —— 耗氧有机污染物状况赋分；

CODr —— 化学需氧量赋分；

$BOD_5r$ —— 五日生化需氧量赋分；

$NH_3$-Nr —— 氨氮赋分。

水质指标赋分标准见表 3-11。

表 3-11　水质赋分标准

| | | | | | |
|---|---|---|---|---|---|
| 化学需氧量（COD）/（mg/L） | ≤15 | 17.5 | 20 | 30 | ≥40 |
| 五日生化需氧量（$BOD_5$）/（mg/L） | ≤3 | 3.5 | 4 | 6 | ≥10 |
| 氨氮（$NH_3$-N）/（mg/L） | ≤0.15 | 0.5 | 1 | 1.5 | ≥2 |
| 赋分 | 100 | 80 | 60 | 30 | 0 |

### 3.4.3.3　重金属污染状况

重金属污染状况是指含有汞（Hg）、镉（Cd）、铬（Cr）（六价）、铅（Pb）及砷（As）等生物毒性显著的重金属元素对水的污染程度。

根据水质监测资料，分别整理统计评价年 12 个月月均浓度，按照汛期和非汛期分别进行平均，分别对水质项目汛期与非汛期赋分，取其最低赋分为水质项目的赋分。

$$NMPr = \min(Asr, Hgr, Cdr, Crr, Pbr) \tag{3-9}$$

式中：HMPr —— 重金属状况赋分；

Asr —— 砷赋分；

Hgr —— 汞赋分；

Cdr —— 镉赋分；

Crr —— 铬（六价）赋分；

Pbr —— 铅赋分。

水质重金属指标赋分标准见表 3-12。

表 3-12 水质重金属项目赋分标准

| | | | |
|---|---|---|---|
| 砷/（mg/L） | ≤0.05 | 0.07 | ≥0.1 |
| 汞/（mg/L） | ≤0.00 005 | 0.0 001 | ≥0.001 |
| 镉/（mg/L） | ≤0.001 | 0.005 | ≥0.01 |
| 铬（六价）/（mg/L） | ≤001 | 0.05 | ≥0.1 |
| 铅/（mg/L） | ≤0.01 | 0.05 | ≥0.1 |
| 赋分 | 100 | 60 | 0 |

## 3.4.4 水生物指标

### 3.4.4.1 大型底栖动物生物多样性指数

大型底栖无脊椎动物是指个体体长 1 mm，不能通过 0.5 mm（40 目）孔径筛网的无脊椎动物。大型底栖无脊椎动物种类多、生活周期长、活动场所较固定，不同种类对水质的敏感性差异大，对其采集和鉴定需要专业的、科学的背景和技术，并且耗时很长。在国际上，底栖动物是水质生物评价中应用最广泛的生物之一，此指标为定量指标。大型底栖动物生物多样性指数赋分按式（3-10）计算：

$$\text{B-IBI}=\frac{N-NO_{li}}{N} \tag{3-10}$$

式中：B-IBI —— 大型底栖动物生物多样性指数；

$N$ —— 大型底栖动物总个数；

$NO_{li}$ —— 大型底栖动物样品中寡毛类的个体数。

根据评价标准对其进行赋分。

### 3.4.4.2 鱼类多样性指数

鱼类是河流水生生物中比较具有代表性的一个种群，能敏感地表征环境变化状况，并且其个体比较大，易于采集和鉴别。本书采用鱼类香农-威纳（Shannon-Wiener）多样性指数来表征河流的鱼类组成及结构变化情况，此指标为定量指标。鱼类多样性指数指标表达按式（3-11）计算：

$$H=-\sum_{i=1}^{s}p_i\log_2 p_i \tag{3-11}$$

式中：$p_i$ —— 第 $i$ 种鱼类个体数占总个体数的比值；

$s$ —— 样方总鱼类种数。

## 3.4.5 社会属性指标

### 3.4.5.1 水功能区达标率

水功能区达标率为评价河流达标水功能区个数占所在水功能区划总个数的百分比。评价标准与方法遵循《地表水资源质量评价技术规程》（SL 395—2007）相关规定。水功能区达标率指标表达按式（3-12）计算：

$$\mathrm{WFZP}=\frac{\mathrm{WFZN}}{\mathrm{WFZTN}}\times 100\% \tag{3-12}$$

式中：WFZP —— 水功能区达标率，%；

WFZN —— 评价河流达标水功能区个数；

WFZTN —— 评价河流水功能区划总个数。

水功能区达标率赋分按式（3-13）计算：

$$\mathrm{WFZr}=\mathrm{WFZP}\times 100 \tag{3-13}$$

式中：WFZr —— 水功能区达标率赋分。

### 3.4.5.2 水资源开发利用率

水资源开发利用率是反映人类活动对流域水资源影响的敏感因子，是水资源是否可持续利用的重要依据之一，体现开发与保护的协调程度。可从供水量或用水量两个不同层面来反映水资源利用的情况。

水资源开发利用率指标表达按式（3-14）计算：

$$\mathrm{WRU}=\frac{\mathrm{WU}}{\mathrm{WR}}\times 100\% \tag{3-14}$$

式中：WRU —— 评价河流的水资源开发利用率，%；

WR —— 评价的河流水资源总量，万 $m^3$；

WU —— 评价的河流水资源开发利用量，万 $m^3$。

国际上一般公认，水资源开发利用率合理限度为 30～40%，即使是充分利用雨洪资源，开发程度也不应高于 60%，过高或者过低的水资源开发利用率均不符合本次河流健康评价的要求，水资源开发利用率赋分模型呈抛物线状，水资源开发利用率在 30%～40% 为赋分较高区，大于或等于 60%和等于 0 的情况下，水资源开发利用率赋分均为 0 分。水资源开发利用率赋分按式（3-15）计算：

$$\mathrm{WRUr}=a\times(\mathrm{WRU})^2+b\times(\mathrm{WRU}) \tag{3-15}$$

式中：WRUr —— 水资源开发利用率赋分；

$a$、$b$—— 系数，$a=1111.11$，$b=666.67$。

式（3-15）仅适用于水资源需求量与可供水量之间存在矛盾的河流，对于以上评价的河流，可根据实际情况对水资源开发利用率进行赋分，如果水资源开发利用率大于0，但不高于10%，且已经满足流域经济社会的用水要求，则可赋分100。

#### 3.4.5.3 防洪保证率

防洪保证率表征根据洪水规律和洪灾危害状况，采取的防洪或减免洪水灾害的对策、措施和方法的有效程度。自然河流自身的泄洪能力是河道的自然属性，泄洪调蓄能力指标反映了这一特征。最大泄洪能力是河流实际的防洪标准。当河流自身防洪能力不足时，人类必须修建工程体系来控制、防御洪水以减免洪灾损失。防洪工程措施达标率、防洪非工程措施达标率、水资源调控能力指数3个指标是在防洪工程建设后针对防洪管理提出的。防洪保证率指标表达按式（3-16）计算：

$$\mathrm{FLD}=\frac{\sum_{n=1}^{\mathrm{NS}}\left(\mathrm{RIVLB}_n\times\mathrm{RIVWF}_n\right)}{\sum_{n=1}^{\mathrm{NS}}\left(\mathrm{RIVL}_n\times\mathrm{RIVWF}_n\right)} \tag{3-16}$$

式中：FLD —— 河流防洪保证率；

$\mathrm{RIVL}_n$ —— 评价的第 $n$ 个河段长度，m；

NS —— 评价的河段总数量；

$\mathrm{RIVLB}_n$ —— 第 $n$ 个河段提防达标的长度，m；

$\mathrm{RIVWF}_n$ —— 第 $n$ 个河段规划防洪标准重现期，a。

防洪保证率指标赋分标准见表3-13

表3-13 防洪保证率指标赋分标准

| 防洪保证率 | ≥95% | 90% | 85% | 70% | ≤50% |
|---|---|---|---|---|---|
| 赋分 | 100 | 75 | 50 | 25 | 0 |

#### 3.4.5.4 公众满意度

公众满意度反映公众对评价河流、景观、美学价值等的满意程度。公众满意度指标表达按式（3-17）计算：

$$\mathrm{PPr}=\frac{\sum_{n=1}^{\mathrm{NPS}}\left(\mathrm{PERr}_n\times\mathrm{PERw}\right)}{\sum_{n=1}^{\mathrm{NPS}}\mathrm{PERw}} \tag{3-17}$$

式中：PPr —— 公众满意度赋分；

PERr$_n$ —— 第 $n$ 个有效调查公众的评价赋分；

PERw —— 公众类型权重；

NPS —— 有效调查公众总人数。

有效调查公众的评价赋分标准见表 3-14，公众类型权重见表 3-15，河流健康公众满意度调查问卷见表 3-16.

**表 3-14 有效调查公众的评价赋分标准**

| 内容 | 说明 | 赋分 |
|---|---|---|
| 河流健康公众满意度调查 | 很满意 | 90～100 |
| | 满意 | 80～90 |
| | 基本满意 | 60～80 |
| | 不满意 | 30～60 |
| | 很不满意 | 0～30 |

**表 3-15 公众类型权重**

<table>
<tr><th colspan="2">公众类型</th><th>权重</th></tr>
<tr><td colspan="2">沿河居民（河岸以外 1 km 以内范围）</td><td>3</td></tr>
<tr><td rowspan="4">非沿河居民</td><td>河道管理者</td><td>2</td></tr>
<tr><td>河道周边从事生产活动</td><td>1.5</td></tr>
<tr><td>经常来河道旅游</td><td>1.0</td></tr>
<tr><td>偶尔来河道旅游</td><td>0.5</td></tr>
</table>

**表 3-16 河流健康公众满意度调查问卷**

<table>
<tr><td>姓名</td><td></td><td>性别</td><td></td><td>年龄</td><td colspan="2"></td></tr>
<tr><td>文化程度</td><td></td><td>职业</td><td></td><td>民族</td><td colspan="2"></td></tr>
<tr><td>住址</td><td></td><td></td><td>联系电话</td><td colspan="3"></td></tr>
<tr><td colspan="2">河流对个人生活的重要性</td><td rowspan="5">与河流的关系</td><td>沿河居民</td><td colspan="3"></td></tr>
<tr><td>很重要</td><td></td><td rowspan="4">非沿河居民</td><td colspan="2">河道管理者</td><td></td></tr>
<tr><td>较重要</td><td></td><td colspan="2">河道周边从事生产活动</td><td></td></tr>
<tr><td>一般</td><td></td><td colspan="2">经常来河道旅游</td><td></td></tr>
<tr><td>不重要</td><td></td><td colspan="2">偶尔来河道旅游</td><td></td></tr>
<tr><td colspan="6">河流状况评价</td><td></td></tr>
<tr><td colspan="2">河流水量</td><td colspan="2">河流水质</td><td colspan="2">河滩地</td><td></td></tr>
<tr><td>太少</td><td></td><td>清洁</td><td></td><td rowspan="2">树草状况</td><td>河滩上的树草太少</td><td></td></tr>
<tr><td>还可以</td><td></td><td>一般</td><td></td><td>河滩上树草数量还可以</td><td></td></tr>
</table>

| | | | | | | |
|---|---|---|---|---|---|---|
| 很多 | | 比较脏 | | 垃圾堆放 | 无垃圾堆放 | |
| 不好判断 | | 太脏 | | | 有垃圾堆放 | |
| 鱼类数量 | | 大鱼 | | 本地鱼类 | | |
| 数量少很多 | | 重量小很多 | | 你所知道的本地鱼数量和名称 | | |
| 数量少了一些 | | 重量小了一些 | | 以前有，现在完全没有了 | | |
| 没有变化 | | 没有变化 | | 以前有，现在部分没有了 | | |
| 数量多了 | | 重量大了 | | 没有变化 | | |
| 水库适宜性状况 | | | 与河流相关的历史及文化保护程度 | 历史古迹或文化名胜了解情况 | 不清楚 | |
| 河道景观 | 优美 | | | | 知道一些 | |
| | 一般 | | | | | |
| | 丑陋 | | | | 比较了解 | |
| 近水难易程度 | 容易且安全 | | | | | |
| | 难或不安全 | | | 历史古迹或文化名胜保护与开发情况 | 没有保护 | |
| 散步与娱乐休闲活动 | 适宜 | | | | 有保护，但不对外开放 | |
| | 不适宜 | | | | 有保护，也对外开放 | |
| 对河流的满意程度调查 | | | | | | |
| 评价赋分标准 | | 不满意的原因是？ | | 希望的河流状况是什么样的？ | | |
| 很满意 | 90～100 | | | | | |
| 满意 | 80～90 | | | | | |
| 基本满意 | 60～80 | | | | | |
| 不满意 | 30～60 | | | | | |
| 很不满意 | 0～30 | | | | | |
| 评价赋分 | | | | | | |

## 3.5　辽河保护区河流健康等级划分

河流健康状况是一个定性和模糊的概念，但是评判河流健康状况的好坏需要有一个确切的衡量尺度或标准，所以需要将这一概念进行量化，建立健康度评价指标量值与河流健康度等级之间的联系。首先综合国内外参考文献，并结合辽河保护区河流的实际情况，将辽河保护区河流水生态健康评价标准分为“理想状况、健康、亚健康、不健康、病态”5 个等级，各健康度等级具体含义见表 3-17。

表 3-17 河流健康评价分级

| 等级 | 健康状况 | 河类型 | 赋分范围 | 含义 |
|---|---|---|---|---|
| 1 | 理想状况 | 蓝色 | 80-100 | 接近参考状况或预期目标 |
| 2 | 健康 | 绿色 | 60-80 | 与参考状况存在较小差异，河流功能虽有一定程度的受损，但仍处于可持续发展的健康状况 |
| 3 | 亚健康 | 黄色 | 40-60 | 与参照状况有中度差异，河流处于亚健康状态，有一定的治理空间 |
| 4 | 不健康 | 橙色 | 20-40 | 与参照状况有较大差异，河流处于不健康状态，亟须治理保护 |
| 5 | 病态 | 红色 | 0-20 | 与参照状况有显著差异，河流不具备水生态系统支持能力 |

## 3.6 指标权重确定及综合评价方法

### 3.6.1 确定指标权重

指标权重[55]是指用一定的数值来定量描述各个指标相对于目标层（A 辽河保护区河流健康评价）的重要性程度，是各个指标对评价总目标的贡献率大小的表达，它一方面体现出了指标本身在系统中的作用和指标价值的可靠程度，另一方面又体现出决策者对该指标的重视程度，其中权重的设计合理性直接影响到评价结果的准确性和科学性。目前指标权重的确定方法主要分为客观赋权[56-63]法（主成分分析法、熵权法、神经网络分析法等）和主观赋权法（层次分析法、专家咨询法、德尔菲法等）。

### 3.6.2 层次分析法

层次分析法（Analytic Hierarchy Process，AHP）是美国运筹学家萨蒂（T.L.Saaty）在 20 世纪 70 年代提出的一种定性与定量相结合的层次化分析方法[64]，AHP 具有系统性强、操作简洁、运用灵活和范围广的优点，并且充分体现了分解、判断和综合的思路特征，所以 AHP 是目前河流水生态健康评价中运用最广泛的一种主观赋权法。AHP 的基本思路如下：把复杂的问题分解为由各个组成因素构成的有序递阶层次结构（目标层、准则层和指标层等几个基本层次，一般每个层次的因素不超过 9 个），然后两两对比确定层次中各指标的相对重要性，建立判断矩阵，最后把判断矩阵的最大特征值及对应的特征向量作为系数，综合得出该层次中各因素权重的顺序。

基于辽宁省地方标准指标权重的基础，结合数据收集情况及所选指标对指标权重进行重新调整。具体结果见表 3-18。

表 3-18　辽河保护区河流健康评价指标权重赋值

| 目标层 | 准则层 | 指标层 | 指标层权重 |
|---|---|---|---|
| A 辽河保护区河流健康评价 | $B_1$ 水文水资源 | 生态流量满足程度 | 1 |
| | $B_2$ 物理结构 | 河岸带状况 | 0.6 |
| | | 河流连通状况 | 0.4 |
| | $B_3$ 水质 | 溶解氧状况 | — |
| | | 耗氧有机污染物状况 | — |
| | | 重金属污染状况 | — |
| | $B_4$ 水生物 | 大型底栖动物生物多样性指数 | 0.4 |
| | | 鱼类多样性指数 | 0.6 |
| | $B_5$ 社会属性 | 水功能区达标率 | 0.25 |
| | | 水资源开发利用率 | 0.25 |
| | | 防洪保证率 | 0.25 |
| | | 公众满意度 | 0.25 |

注：水质准则层各指标无权重，采用最小分值法，即选择指标赋分最小值。

## 3.6.3　河流健康评价综合评价方法

河流健康受到多种因素的影响，因此采用多指标综合评价法对河流健康状况进行评价。综合评价法可以对描述的对象做出全局性、系统性和整体性的评价[31]。目前，多指标综合评价方法发展迅速，形成了一系列比较成熟的评价方法，例如，模糊综合评价法、综合指数法、灰色关联分析法、集对分析法、物元分析法等，各种评价方法的优缺点和使用范围见表 3-19。在具体的研究中需要根据研究对象、研究区域的特点选择合适的评价方法。

表 3-19　各种评价方法的优缺点和使用范围

| 评价方法 | 优点 | 缺点 | 使用范围 |
|---|---|---|---|
| 模糊综合评价法[65] | 适合涉及多因素、模糊因素的系统综合评价，计算量较小，对数据要求比较低 | 各指标加权处理后的加权值容易湮没个别极值，使评价的客观性降低 | 评价因素多、层次结构复杂的系统，适用于不确定性问题的研究 |
| 综合指数法[66] | 定量评价生态环境状况，比较适合用在单因素或多因素的综合评价中，容易理解、方法简单 | 容易使各影响因子均一化，会掩盖某些指标的信息 | 应用广泛 |
| 灰色关联分析法[66] | 概念清楚，对数据要求较低，计算量较小 | 分辨率较低，分辨系数取值直接影响结果的排序 | 应用广泛 |
| 集对分析法[67] | 一种综合集成分析方法 | 计算量较大 | 应用广泛 |
| 物元分析法[68] | 概念模糊，利用关联函数及关联度可对各指标进行等级确定和优劣排序，计算简便 | 指标等级的确定不完全合理会直接影响关联度函数的最佳位置 | 单项指标之间不相容、多因素的评价系统 |

上述方法各有特色，但是对于辽河保护区河流健康评价需要结合辽河保护区的实际情况、收集的资料、建立的层次结构、选取的指标类型、确定的指标评价标准以及评价系统的复杂程度综合选择合适的评价方法。因此，基于辽宁省地方标准，对准则层的水文水资源、物理结构、水质和水生物进行河流分段生态健康评价，计算得到评价河段的生态健康赋分，根据河段生态健康赋分与河段长度所占河流全长的比例，计算得到评价河流健康赋分。完整性是针对评价整个河流而言，不再进行河流分段评价。赋分表达式如下：

$$R_A=\sum_{i=1}^{2}\frac{L_n\times R_iW_i}{L} \tag{3-18}$$

$$R_C=\sum_{j=1}^{2}\frac{L_n\times R_jW_j}{L} \tag{3-19}$$

$$R_I=\sum_{i=1}^{5}r_iw_i \tag{3-20}$$

$$R_{ACI}=R_AW_A+R_CW_C+R_IW_I \tag{3-21}$$

式中：$R_A$、$R_C$、$R_I$—— 分别为河流的活力性、清洁性和完整性 3 项亚目标层的赋分；

$L_n$—— 评价河段长度，m；

$L$—— 评价河流总长度，m；

$n$—— 评价河段个数；

$R_i$、$R_j$—— 分别为河流活力性、清洁性中的准则层赋分；

$W_j$、$W_i$—— 分别为清洁性和活力性中的准则层权重；

$r_i$、$w_i$—— 分别为河流完整性中的指标赋分和权重；

$W_A$、$W_C$、$W_I$—— 分别为活力性、清洁性和完整性 3 项亚目标层的权重；

$R_{ACI}$—— 评价整条河流的赋分。

# 第 4 章　辽河保护区河流健康评价体系应用

## 4.1　辽河研究现状

辽河是我国七大江河之一，历史上辽河水污染严重、水生态恶化，多年来污染指数一直居全国七大流域前列，“九五”期间被国家纳入重点治理“三河三湖”之一[69-71]。为了改变这一现状，“十一五”期间，在国家及科研单位的齐心努力下，辽河水污染治理取得明显好转，实现了干流水质 COD 消灭劣Ⅴ类的目标[72]。为了巩固和更进一步实现辽河长远发展的目标，2010 年，自辽宁省政府建立辽河保护区以来，辽宁省政府实施了“率先摘掉重度污染帽子”项目，其中辽河保护区实施了辽河干流生态保护与恢复和支流河口湿地建设两大工程共 31 个项目。通过项目的实施，辽河水质明显好转。但目前辽河保护区仍面临一些不可忽视的问题，如生态需水保障不足，生物多样性不够，防洪体系不达标等。

因此，有必要以辽河保护区河流健康为目标，研究辽河保护区河流健康评价指标体系、评价标准与评价方法，构建辽河保护区健康河流评价技术，诊断辽河保护区河流的健康问题，对辽河保护区流域进行系统的物理、化学、生物等方面的评价，对比“十二五”“十三五”两期数据的变化趋势，找出各河段存在的问题以及优势，评价结果有助于对辽河的某一生态薄弱方面进行相应保护及修复措施，将保障辽河保护区生态工程稳定运行，支撑辽河保护区“十三五”期间水质与水生态改善目标的实现，为日后综合规划及治理提供参考意见，实现辽河保护区可持续发展的长远目标。

## 4.2　指标数据资料收集

对辽河保护区河流健康状况的分析，依赖于大量实际数据的调查、收集和整理，数据的质量是评价结果准确性的保证。收集的数据主要包括河流水文水资源数据、水质数据、物理结构数据、水生物数据和社会属性数据等，数据资料来源包括现场采集、实验室分析、现场调查监测、遥感、相关的科研文献和统计资料汇总。使用的统计资料绝大部分为公开出版的数据资料和水利部门的公报资料，数据资料比较真实可靠。生物资源调查是进行生物多样性评价不可或缺的基本资料，通过辽河保护区管理局生物多样性检测报告与实验室分析检测获得，利用遥感法计算植被覆盖度。本书的水文数据、水质数据、物理结构数据、水生物数据和社会属性数据等均为“十二五”“十三五”期间的数据，表 4-1 为资料来源、数据现状值及说明。

表 4-1 辽河保护区河流评价指标数据来源

| 目标层 | 准则层 | 指标层 | 指标数据来源 |
|---|---|---|---|
| A 辽河保护区河流健康评价 | $B_1$ 水文水资源 | $C_{11}$ 生态流量满足程度 | “十二五”资料、文献[73]、公报资料、年鉴 |
| | $B_2$ 物理结构 | $C_{21}$ 河岸带状况 | “十二五”资料、遥感解译 |
| | | $C_{22}$ 河流连通状况 | “十二五”资料、文献查询[74] |
| | $B_3$ 水质 | $C_{31}$ 溶解氧状况 | 辽河保护区水质月报、现场检测 |
| | | $C_{32}$ 耗氧有机污染物状况 | 辽河保护区水质月报、实验室检测 |
| | | $C_{33}$ 重金属污染状况 | 文献、实验室测定 |
| | $B_4$ 水生物 | $C_{41}$ 大型底栖动物生物多样性指数 | “十二五”资料、实验室测定 |
| | | $C_{42}$ 鱼类多样性指数 | “十二五”资料、文献查询[75-77] |
| | $B_5$ 社会属性 | $C_{51}$ 水功能区达标率 | “十二五”资料、文献查询[78-80] |
| | | $C_{52}$ 水资源开发利用率 | 水资源公报 |
| | | $C_{53}$ 防洪保证率 | “十二五”资料、文献查询[78-80] |
| | | $C_{54}$ 公众满意度 | 资料收集、现场调研 |

### 4.2.1 资料收集法

资料收集法应用范围广、效率高，既省时又省力。如水文水资源、水质、生物资源调查、社会经济数据调查等都需要基本资料，此外，学术文献研究报告等也是获得相关数据与信息的重要来源。但由于资料收集法只能获得第二手资料，往往不尽全面，因此需要结合其他方法补充使用。

### 4.2.2 野外调查和现场监测法

野外调查和现场监测的方法是针对数据收集的缺失以弥补资料收集法的不足，以获得第一手数据。野外调查和现场监测费时费力，并且还需提前做好考察计划，选择合适的取样调查方法及考虑取样时所受的局限性（图 4-1～图 4-3）。

### 4.2.3 遥感法

遥感法可以在短时间内比较全面地了解到辽河保护区区域的环境特点，如辽河保护区植被覆盖度、土地利用规划等，更为宏观有效地提供所需重要数据，成为传统数据收集不可替代的工具（图 4-4）。

图 4-1　现场采样-1

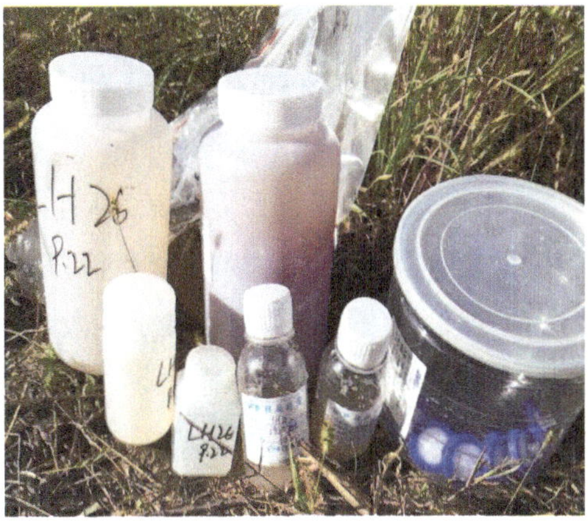

图 4-2　现场采样-2

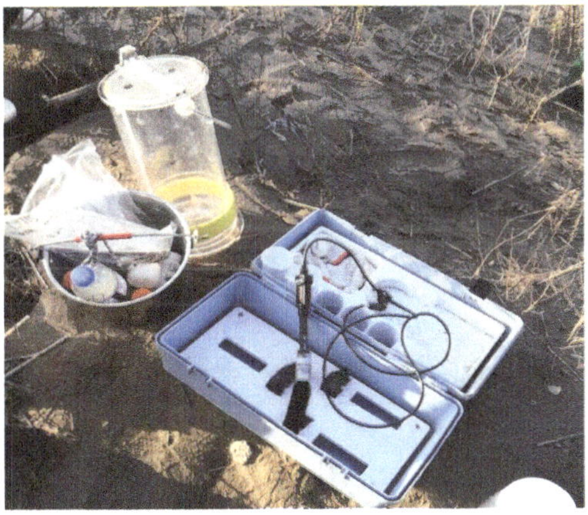

图 4-3　现场数据监测

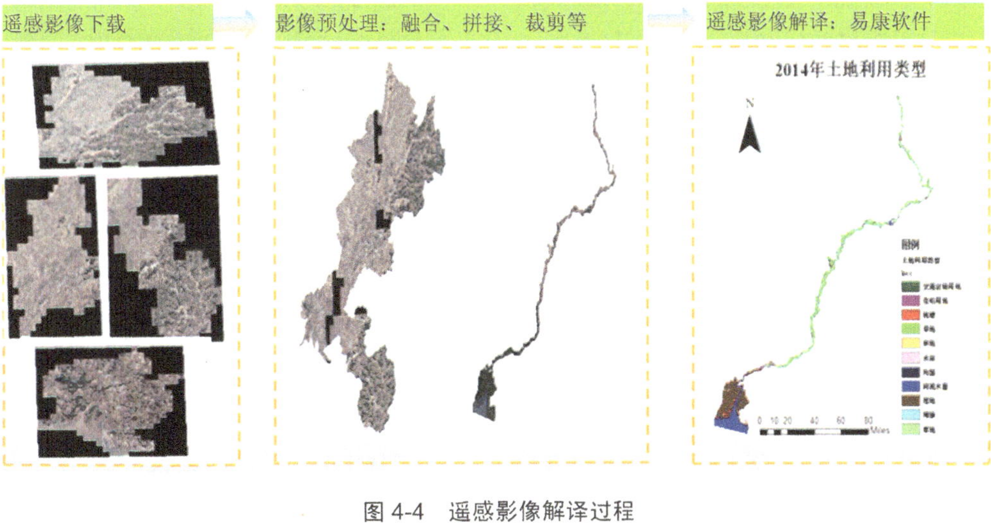


图 4-4　遥感影像解译过程

## 4.3 辽河保护区评价河段划分

应根据水文特征、水质状况、水生物特征及流域经济状况、社会发展的相同性与差异性，沿河岸将其划分为若干评价河段。评价河段范围按照以下方法确定：

1）评价河段设置数量不低于 3 段，评价河长度不宜大于 50 km。

2）可根据河流地貌形态差异性进行分段，按照地貌分段，分为山区河流和平原河流两类。

3）根据河流流域水文分区点划分，如河流上游、中游、下游等。

4）根据水文及水力状况变异点，入闸坝、大的支流汇入点、大的支流分叉点。

5）根据河岸临近域土地利用状况差异分区点分段，如城市河段、乡村河段等。

6）评价指标的监测点位应尽可能保持一致。

辽河保护区河流健康评价涉及水文水资源、水质、水生物、社会属性等各方面的指标，因此划分河段基于上述确定原则，结合已有的辽河保护区管理局设定的水质监测断面上进行。辽河保护区设定水质监测断面仅以水文水资源、水质两方面为主要监测对象，因此，其他方面的指标还需重新补充监测，本研究河段划分见表 4-2。

表 4-2 辽河保护区准则指标层评价河段

| 评估河段 | 监测点位坐标 | 监测点测试区域 | 评估河长/m | 起始点坐标 | 终止点坐标 | 所属地区 |
|---|---|---|---|---|---|---|
| 福德店 | 42°49′43.60″N<br>123°36′4.37″E | 东西辽河汇合点到刘家街 | 53 883.4 | 42°58′55.57″N<br>123°32′42.63″E | 42°40′40.12″N<br>123°36′32.48″E | 铁岭段 |
| 三合屯 | 42°40′27.54″N<br>123°34′24.69″E | 刘家街到后施卜村西南 1.2 km 处 | 46 731.51 | 42°40′40.12″N<br>123°36′32.48″E | 42°27′21.78″N<br>123°48′43.71″E | |
| 双安桥 | 42°25′36.59″N<br>123°51′54.68″E | 后施卜村西南 1.2 km 处到箭杆湖 | 58 828.96 | 42°27′21.78″N<br>123°48′43.71″E | 42°18′0.24″N<br>123°41′21.82″E | |
| 朱尔山 | 42°15′26.99″N<br>123°36′11.97″E | 箭杆湖到莲花台 | 24 570.17 | 42°18′0.24″N<br>123°41′21.82″E | 42°11′11.93″N<br>123°31′9.62″E | |
| 石佛寺 | 42°11′13.34″N<br>123°29′40.99″E | 莲花台到团山子村 | 23 293.73 | 42°11′11.93″N<br>123°31′9.62″E | 42°9′2.34″N<br>123°18′12.10″E | 沈阳段 |
| 马虎山 | 42° 8′8.84″N<br>123°22′14.04″E | 团山子村到平安堡村 | 82 817.08 | 42°9′2.34″N<br>123°18′12.10″E | 41°52′32.55″N<br>122°52′40.04″E | |
| 红庙子 | 41°53′14.89″N<br>122°51′55.52″E | 平安堡村到张家窝堡 | 85 311.89 | 41°52′32.55″N<br>122°52′40.04″E | 41°21′28.53″N<br>122°38′13.25″E | |
| 大张桥 | 41°21′21.03″N<br>122°39′11.59″E | 张家窝堡到三道沟村 | 39 734.64 | 41°21′28.53″N<br>122°38′13.25″E | 41°12′18.13″N<br>122°20′27.38″E | 鞍山段 |

| 评估河段 | 监测点位坐标 | 监测点测试区域 | 评估河长/m | 起始点坐标 | 终止点坐标 | 所属地区 |
|---|---|---|---|---|---|---|
| 盘锦兴安 | 41°12′18.56″N<br>122°20′22.54″E | 三道沟村到盘锦大桥 | 38 684.4 | 41°12′18.13″N<br>122°20′27.38″E | 41°10′39.75″N<br>122° 2′45.48″E | 盘锦段 |
| 曙光大桥 | 41°11′9.83″N<br>122° 4′33.80″E | 盘锦大桥到 N 岗 | 34 140.28 | 41°10′39.75″N<br>122° 2′45.48″E | 41° 3′21.55″N<br>121°49′42.90″E | |
| 赵圈河 | 41° 5′2.42″N<br>121°50′50.80″E | N 岗到辽河入海口 | 26 350.88 | 41° 3′21.55″N<br>121°49′42.90″E | 40°52′58.93″N<br>121°48′36.77″E | |

## 4.4 “十二五”期间评价指标计算赋分

### 4.4.1 水文水资源指标计算赋分

生态流量满足程度计算赋分见表 4-3。

表 4-3 辽河保护区“十二五”期间生态流量满足程度赋分

| 序号 | 代表站点 | 调查数据/% | 指标赋分 |
|---|---|---|---|
| 1 | 福德店 | 0.77 | 37 |
| 2 | 三合屯 | 1 | 60 |
| 3 | 双安桥 | 1 | 60 |
| 4 | 朱尔山 | 1 | 60 |
| 5 | 石佛寺 | 1 | 60 |
| 6 | 马虎山 | 0.89 | 49 |
| 7 | 红庙子 | 0.87 | 47 |
| 8 | 大张桥 | 1 | 60 |
| 9 | 盘锦兴安 | 1 | 60 |
| 10 | 曙光大桥 | 1 | 60 |
| 11 | 赵圈河 | 0.95 | 55 |
| 辽河保护区生态流量满足程度赋分 | | 53.41 | |

### 4.4.2 物理结构指标计算赋分

（1）河岸带状况

河岸带状况评价包括河岸稳定性、河岸带植被覆盖率、河岸带人工干扰程度 3 个方面。河岸稳定性指标需要岸坡倾角、河岸高度、河岸基质等数据，本书通过“十二五”历史数据及现场调研获得数据。其中，岸坡倾角与河岸高度需要多功能坡度测量仪与高精度 GPS 法计算获得；河岸基质及冲刷状况可通过当地技术人员及现场直观判断直接赋分；河岸带植被覆盖率来源于遥感解译或历史数据；河岸带人工干扰程度主要依靠现场调研及查阅历史资料获取，现场调查时对每个监测点水边线以内，河岸带及近陆域 50 m 范围以内，进行观察及现场记录。

1）河岸稳定性：选取福德店、三合屯等 11 个点为调查对象，根据收集数据及河岸稳定性赋分公式，进行指标赋分，具体见表 4-4。

**表 4-4　辽河保护区“十二五”期间河岸稳定性状况赋分**

| 序号 | 代表站点 | 指标赋分 |
|---|---|---|
| 1 | 福德店 | 85 |
| 2 | 三合屯 | 68 |
| 3 | 双安桥 | 75 |
| 4 | 朱尔山 | 70 |
| 5 | 石佛寺 | 80 |
| 6 | 马虎山 | 65 |
| 7 | 红庙子 | 70 |
| 8 | 大张桥 | 60 |
| 9 | 盘锦兴安 | 80 |
| 10 | 曙光大桥 | 75 |
| 11 | 赵圈河 | 70 |

2）河岸带植被覆盖度：根据数据收集情况及河岸带赋分公式进行指标赋分，具体见表 4-5。

**表 4-5　辽河保护区“十二五”期间河岸带植被覆盖度指标赋分**

| 序号 | 代表站点 | 河岸带植被覆盖度/% | 指标赋分 |
|---|---|---|---|
| 1 | 福德店 | 65 | 68.97 |
| 2 | 三合屯 | 55 | 59.64 |
| 3 | 双安桥 | 25 | 31.67 |
| 4 | 朱尔山 | 55 | 59.64 |
| 5 | 石佛寺 | 55 | 59.64 |
| 6 | 马虎山 | 55 | 59.64 |
| 7 | 红庙子 | 35 | 41.00 |
| 8 | 大张桥 | 25 | 31.67 |
| 9 | 盘锦兴安 | 45 | 50.32 |
| 10 | 曙光大桥 | 65 | 68.97 |
| 11 | 赵圈河 | 65 | 68.97 |

3）河岸带人工干扰程度：根据数据收集情况及人工干扰程度公式进行指标赋分，见表 4-6。

表 4-6 辽河保护区“十二五”期间河岸带人工干扰程度赋分

| 序号 | 代表站点 | 指标赋分 |
|---|---|---|
| 1 | 福德店 | 64 |
| 2 | 三合屯 | 75 |
| 3 | 双安桥 | 40 |
| 4 | 朱尔山 | 75 |
| 5 | 石佛寺 | 80 |
| 6 | 马虎山 | 35 |
| 7 | 红庙子 | 40 |
| 8 | 大张桥 | 65 |
| 9 | 盘锦兴安 | 60 |
| 10 | 曙光大桥 | 55 |
| 11 | 赵圈河 | 40 |

基于以上对辽河保护区“十二五”期间河岸稳定性、河岸带植被覆盖度、河岸带人工干扰程度的赋分，辽河保护区河岸带状况指标计算赋分见表 4-7。

表 4-7 辽河保护区“十二五”期间河岸带状况指标计算赋分

| 代表站点 | 河岸稳定性指标赋分 | 河岸带植被覆盖度赋分 | 河岸带人工干扰程度赋分 | 河岸带状况指标赋分 |
|---|---|---|---|---|
| 福德店 | 85 | 68.97 | 64 | 71.73 |
| 三合屯 | 68 | 59.64 | 75 | 65.57 |
| 双安桥 | 75 | 31.67 | 40 | 44.59 |
| 朱尔山 | 70 | 59.64 | 75 | 66.07 |
| 石佛寺 | 80 | 59.64 | 80 | 69.82 |
| 马虎山 | 65 | 59.64 | 35 | 54.82 |
| 红庙子 | 70 | 41.00 | 40 | 48.00 |
| 大张桥 | 60 | 31.67 | 65 | 47.09 |
| 盘锦兴安 | 80 | 50.32 | 60 | 60.16 |
| 曙光大桥 | 75 | 68.97 | 55 | 66.98 |
| 赵圈河 | 70 | 68.97 | 40 | 61.98 |
| 辽河保护区河岸带状况指标赋分 | 57.46 | | | |

（2）河流连通状况

河流连通状况调查赋分见表 4-8。

表 4-8 辽河保护区“十二五”期间河流连通状况赋分

| 序号 | 代表站点 | 水利工程数/个 | 指标赋分 |
|---|---|---|---|
| 1 | 福德店 | 0 | 100 |
| 2 | 三合屯 | 3 | 25 |
| 3 | 双安桥 | 1 | 75 |
| 4 | 朱尔山 | 1 | 75 |
| 5 | 石佛寺 | 1 | 75 |
| 6 | 马虎山 | 2 | 50 |
| 7 | 红庙子 | 2 | 50 |
| 8 | 大张桥 | 1 | 75 |
| 9 | 盘锦兴安 | 1 | 75 |
| 10 | 曙光大桥 | 2 | 50 |
| 11 | 赵圈河 | 0 | 100 |
| 辽河保护区河流连通状况赋分 | | 64.53 | |

## 4.4.3 水质指标赋分计算

（1）溶解氧（DO）状况

基于对辽河保护区“十二五”期间水质月报 DO 数据的收集，辽河保护区 DO 状况指标计算赋分见表 4-9。

表 4-9 辽河保护区“十二五”期间 DO 状况赋分

| 序号 | 代表站点 | DO/（mg/L） | 指标赋分 |
|---|---|---|---|
| 1 | 福德店 | 10 | 100 |
| 2 | 三合屯 | 9.61 | 100 |
| 3 | 双安桥 | 11.1 | 100 |
| 4 | 朱尔山 | 10.88 | 100 |
| 5 | 石佛寺 | 10.45 | 100 |
| 6 | 马虎山 | 8.04 | 100 |
| 7 | 红庙子 | 6.4 | 81.98 |
| 8 | 大张桥 | 8.52 | 100 |
| 9 | 盘锦兴安 | 7.19 | 93.21 |
| 10 | 曙光大桥 | 7.18 | 93.07 |
| 11 | 赵圈河 | 8.15 | 100 |
| 辽河保护区 DO 状况赋分 | | 96.04 | |

（2）耗氧有机污染物状况

根据数据收集情况，本书选取了 COD、$NH_3$-N、$BOD_5$ 等作为辽河保护区耗氧有机污染物状况代表指标，其具体指标赋分如下：

基于对辽河保护区“十二五”期间水质月报 COD 数据的收集，辽河保护区 COD 状况指标计算赋分见表 4-10。

表 4-10 辽河保护区“十二五”期间 COD 赋分

| 序号 | 代表站点 | COD/（mg/L） | 指标赋分 |
|---|---|---|---|
| 1 | 福德店 | 23.66 | 57.17 |
| 2 | 三合屯 | 24.57 | 53.75 |
| 3 | 双安桥 | 18.50 | 76.54 |
| 4 | 朱尔山 | 22.37 | 62.02 |
| 5 | 石佛寺 | 16.25 | 84.99 |
| 6 | 马虎山 | 19.71 | 71.98 |
| 7 | 红庙子 | 22.43 | 61.78 |
| 8 | 大张桥 | 19.00 | 74.66 |
| 9 | 盘锦兴安 | 20.09 | 70.58 |
| 10 | 曙光大桥 | 19.36 | 73.30 |
| 11 | 赵圈河 | 4.95 | 100 |

基于对辽河保护区“十二五”期间水质月报 $NH_3$-N 数据的收集，选取福德店、三合屯等 11 个点为调查对象，辽河保护区氨氮状况指标计算赋分见表 4-11。

表 4-11 辽河保护区“十二五”期间 $NH_3$-N 指标赋分

| 序号 | 代表站点 | $NH_3$-N/（mg/L） | 指标赋分 |
|---|---|---|---|
| 1 | 福德店 | 0.43 | 86.21 |
| 2 | 三合屯 | 0.74 | 69.44 |
| 3 | 双安桥 | 0.65 | 74.23 |
| 4 | 朱尔山 | 0.47 | 84.08 |
| 5 | 石佛寺 | 0.41 | 87.01 |
| 6 | 马虎山 | 0.50 | 82.48 |
| 7 | 红庙子 | 0.35 | 90.74 |
| 8 | 大张桥 | 0.34 | 90.74 |
| 9 | 盘锦兴安 | 0.77 | 68.11 |
| 10 | 曙光大桥 | 0.90 | 61.18 |
| 11 | 赵圈河 | 0.61 | 76.36 |

基于对辽河保护区"十二五"期间水质月报 $BOD_5$ 数据的收集，辽河保护区 $BOD_5$ 指标计算赋分见表 4-12。

表 4-12 辽河保护区"十二五"期间 $BOD_5$ 指标赋分

| 序号 | 代表站点 | $BOD_5$/（mg/L） | 指标赋分 |
|---|---|---|---|
| 1 | 福德店 | 4.43 | 65.39 |
| 2 | 三合屯 | 5.10 | 56.63 |
| 3 | 双安桥 | 4.77 | 61.01 |
| 4 | 朱尔山 | 4.26 | 67.72 |
| 5 | 石佛寺 | 2.48 | 91.08 |
| 6 | 马虎山 | 6.50 | 38.23 |
| 7 | 红庙子 | 6.50 | 38.23 |
| 8 | 大张桥 | 9.09 | 4.20 |
| 9 | 盘锦兴安 | 5.01 | 57.78 |
| 10 | 曙光大桥 | 3.81 | 73.54 |
| 11 | 赵圈河 | 4.22 | 68.23 |

基于对辽河保护区"十二五"期间 COD、$NH_3$-N、$BOD_5$ 指标赋分，根据公式可得到有机污染物赋分情况，见表 4-13。

表 4-13 辽河保护区"十二五"期间有机污染物状况赋分

| 序号 | 代表站点 | COD 赋分 | $NH_3$-N 赋分 | $BOD_5$ 赋分 | 有机污染物状况赋分 |
|---|---|---|---|---|---|
| 1 | 福德店 | 57.17 | 86.21 | 65.39 | 69.59 |
| 2 | 三合屯 | 53.75 | 69.44 | 56.63 | 59.94 |
| 3 | 双安桥 | 76.54 | 74.23 | 61.01 | 70.59 |
| 4 | 朱尔山 | 62.02 | 84.08 | 67.72 | 71.27 |
| 5 | 石佛寺 | 84.99 | 87.01 | 91.08 | 87.69 |
| 6 | 马虎山 | 71.98 | 82.48 | 38.23 | 64.23 |
| 7 | 红庙子 | 61.78 | 90.74 | 38.23 | 63.49 |
| 8 | 大张桥 | 74.66 | 90.74 | 4.20 | 56.53 |
| 9 | 盘锦兴安 | 70.58 | 68.11 | 57.78 | 65.49 |
| 10 | 曙光大桥 | 73.30 | 61.18 | 73.54 | 69.34 |
| 11 | 赵圈河 | 100 | 76.36 | 68.23 | 81.53 |
| 辽河保护区有机污染物状况赋分 | | 67.13 | | | |

（3）重金属污染状况

根据数据收集情况，在"十二五"期间分别收集到 11 个点的重金属 Cr、Cd、Hg

含量，其重金属赋分情况见表 4-14。

表 4-14　辽河保护区“十二五”期间重金属污染状况

| 序号 | 代表站点 | Cr/（mg/L） | Cd/（mg/L） | Hg/（mg/L） | 重金属状况赋分 |
|---|---|---|---|---|---|
| 1 | 福德店 | 0.002 | 0.000 5 | 0.000 02 | 85.32 |
| 2 | 三合屯 | 0.002 | 0.000 5 | 0.000 02 | 85.32 |
| 3 | 双安桥 | 0.002 | 0.000 5 | 0.000 02 | 85.32 |
| 4 | 朱尔山 | 0.002 | 0.000 5 | 0.000 02 | 85.32 |
| 5 | 石佛寺 | 0.002 | 0.000 5 | 0.000 02 | 85.32 |
| 6 | 马虎山 | 0.002 | 0.000 6 | 0.000 03 | 84.48 |
| 7 | 红庙子 | 0.002 | 0.000 5 | 0.000 03 | 84.47 |
| 8 | 大张桥 | 0.000 9 | 0.000 5 | 0.000 03 | 84.73 |
| 9 | 盘锦兴安 | 0.022 | 0.000 5 | 0.000 03 | 84.78 |
| 10 | 曙光大桥 | 0.029 | 0.000 5 | 0.000 03 | 84.44 |
| 11 | 赵圈河 | 0.028 | 0.000 5 | 0.000 03 | 84.71 |
| 辽河保护区重金属污染状况赋分 | | 84.87 | | | |

## 4.4.4　水生物指标赋分计算

（1）大型底栖动物生物多样性指数

大型底栖动物生物多样性指数赋分见表 4-15。

表 4-15　辽河保护区“十二五”期间大型底栖动物生物多样性指数赋分

| 序号 | 代表站点 | 调查数据/（B-IBI） | 指标赋分 |
|---|---|---|---|
| 1 | 福德店 | 2.15 | 46.85 |
| 2 | 三合屯 | 1.89 | 41.18 |
| 3 | 双安桥 | 2.22 | 48.47 |
| 4 | 朱尔山 | 1.33 | 29.04 |
| 5 | 石佛寺 | 1.39 | 30.22 |
| 6 | 马虎山 | 1.89 | 41.25 |
| 7 | 红庙子 | 1.39 | 30.22 |
| 8 | 大张桥 | 2.78 | 60.72 |
| 9 | 盘锦兴安 | — | — |
| 10 | 曙光大桥 | 1.56 | 34.05 |
| 11 | 赵圈河 | 1.51 | 32.89 |
| 辽河保护区大型底栖动物生物多样性赋分 | | 37.24 | |

（2）鱼类多样性指数

基于对辽河保护区“十二五”期间鱼类数据的收集，辽河保护区鱼类多样性指数指标赋分见表 4-16。

表 4-16 辽河保护区“十二五”期间鱼类多样性指数赋分

| 序号 | 代表站点 | 调查数据（*H*） | 指标赋分 |
|---|---|---|---|
| 1 | 福德店 | 1.77 | 49.18 |
| 2 | 三合屯 | 2.01 | 54.90 |
| 3 | 双安桥 | 2.58 | 68.20 |
| 4 | 朱尔山 | 1.85 | 51.17 |
| 5 | 石佛寺 | 1.74 | 48.60 |
| 6 | 马虎山 | 2.13 | 57.58 |
| 7 | 红庙子 | 1.78 | 49.42 |
| 8 | 大张桥 | 2.05 | 55.83 |
| 9 | 盘锦兴安 | 2.19 | 58.98 |
| 10 | 曙光大桥 | 1.78 | 49.42 |
| 11 | 赵圈河 | 1.90 | 52.33 |
| 辽河保护区鱼类多样性指数赋分 | | 54.76 | |

### 4.4.5 社会属性指标赋分计算

由于社会属性指标不进行分段评价，因此对辽河保护区整体进行评价，其赋分情况见表 4-17。

表 4-17 辽河保护区“十二五”期间社会属性各指标赋分

| 评价河流 | 指标名称 | 调查数据/% | 赋分 |
|---|---|---|---|
| 辽河保护区 | 水功能区达标率 | 22.58 | 22.58 |
| | 水资源开发利用率 | 72.77 | 0 |
| | 防洪保证率 | 64.7 | 10.85 |
| | 公众满意度 | 75 | 75 |

## 4.5 “十三五”期间评价指标计算

### 4.5.1 水文水资源指标计算赋分

生态流量满足程度计算赋分见表 4-18。

表 4-18　辽河保护区“十三五”期间生态流量满足程度赋分

| 序号 | 代表站点 | 调查数据/% | 指标赋分 |
|---|---|---|---|
| 1 | 福德店 | 1.08 | 68 |
| 2 | 三合屯 | 0.86 | 46 |
| 3 | 双安桥 | 0.86 | 46 |
| 4 | 朱尔山 | 1.56 | 100 |
| 5 | 石佛寺 | 1.56 | 100 |
| 6 | 马虎山 | 0.50 | 10 |
| 7 | 红庙子 | 1.72 | 100 |
| 8 | 大张桥 | 0.89 | 49 |
| 9 | 盘锦兴安 | 0.89 | 49 |
| 10 | 曙光大桥 | 0.89 | 49 |
| 11 | 赵圈河 | 0.89 | 49 |
| 辽河保护区生态流量满足程度赋分 | | 57.30 | |

## 4.5.2　物理结构指标计算赋分

（1）河岸带状况

基于“十二五”期间相关计算方法，“十三五”期间辽河保护区河岸稳定性状况赋分、河岸带植被覆盖度赋分、河岸带人工干扰程度赋分如下：

1）河岸稳定性：指标赋分见表 4-19。

表 4-19　辽河保护区“十三五”期间河岸稳定性状况赋分

| 序号 | 代表站点 | 指标赋分 |
|---|---|---|
| 1 | 福德店 | 90 |
| 2 | 三合屯 | 70 |
| 3 | 双安桥 | 73 |
| 4 | 朱尔山 | 70 |
| 5 | 石佛寺 | 85 |
| 6 | 马虎山 | 70 |
| 7 | 红庙子 | 75 |
| 8 | 大张桥 | 65 |
| 9 | 盘锦兴安 | 80 |
| 10 | 曙光大桥 | 80 |
| 11 | 赵圈河 | 75 |

2）河岸带植被覆盖度：根据数据收集情况，河岸带植被覆盖度指标赋分见表 4-20。

表 4-20 辽河保护区“十三五”期间河岸带植被覆盖度指标赋分

| 序号 | 代表站点 | 河岸带植被覆盖度/% | 指标赋分 |
|---|---|---|---|
| 1 | 福德店 | 80 | 82.95 |
| 2 | 三合屯 | 70 | 73.63 |
| 3 | 双安桥 | 44 | 49.39 |
| 4 | 朱尔山 | 75 | 78.29 |
| 5 | 石佛寺 | 60 | 64.31 |
| 6 | 马虎山 | 75 | 78.29 |
| 7 | 红庙子 | 75 | 78.29 |
| 8 | 大张桥 | 69 | 72.70 |
| 9 | 盘锦兴安 | 68 | 71.76 |
| 10 | 曙光大桥 | 76 | 79.22 |
| 11 | 赵圈河 | 80 | 82.95 |

3）河岸带人工干扰程度：根据数据收集情况，河岸带人工干扰程度指标赋分见表 4-21。

表 4-21 辽河保护区“十三五”期间河岸带人工干扰程度指标赋分

| 序号 | 代表站点 | 指标赋分 |
|---|---|---|
| 1 | 福德店 | 95 |
| 2 | 三合屯 | 85 |
| 3 | 双安桥 | 80 |
| 4 | 朱尔山 | 85 |
| 5 | 石佛寺 | 90 |
| 6 | 马虎山 | 75 |
| 7 | 红庙子 | 80 |
| 8 | 大张桥 | 80 |
| 9 | 盘锦兴安 | 85 |
| 10 | 曙光大桥 | 70 |
| 11 | 赵圈河 | 80 |

基于以上对辽河保护区“十三五”期间河岸稳定性、河岸带植被覆盖度、河岸带人工干扰程度的赋分，辽河保护区河岸带状况指标赋分见表 4-22。

表 4-22 辽河保护区“十三五”期间河岸带状况指标赋分

| 代表站点 | 河岸稳定性指标赋分 | 河岸带植被覆盖度赋分 | 河岸带人工干扰程度赋分 | 河岸带状况指标赋分 |
|---|---|---|---|---|
| 福德店 | 90 | 82.95 | 95 | 88.23 |
| 三合屯 | 70 | 73.63 | 85 | 75.56 |
| 双安桥 | 73 | 49.39 | 80 | 62.94 |
| 朱尔山 | 70 | 78.29 | 85 | 77.90 |
| 石佛寺 | 85 | 64.31 | 90 | 75.90 |
| 马虎山 | 70 | 78.29 | 75 | 75.40 |
| 红庙子 | 75 | 78.29 | 80 | 77.90 |
| 大张 | 65 | 72.70 | 80 | 72.60 |
| 盘锦 | 80 | 71.76 | 85 | 77.13 |
| 曙光大桥 | 80 | 79.22 | 70 | 77.11 |
| 赵圈河 | 75 | 82.95 | 80 | 80.23 |
| 辽河保护区河岸带状况赋分 | 76.16 | | | |

（2）河流连通状况

根据收集数据及河流连通状况赋分公式，河流连通状况指标赋分见表 4-23。

表 4-23 辽河保护区“十三五”期间河流连通状况赋分

| 序号 | 代表站点 | 调查数据/个 | 指标赋分 |
|---|---|---|---|
| 1 | 福德店 | 3 | 50 |
| 2 | 三合屯 | 4 | 25 |
| 3 | 双安桥 | 1 | 75 |
| 4 | 朱尔山 | 1 | 75 |
| 5 | 石佛寺 | 2 | 75 |
| 6 | 马虎山 | 4 | 25 |
| 7 | 红庙子 | 2 | 50 |
| 8 | 大张桥 | 1 | 75 |
| 9 | 盘锦兴安 | 1 | 75 |
| 10 | 曙光大桥 | 1 | 50 |
| 11 | 赵圈河 | 0 | 100 |
| 辽河保护区河流连通状况赋分 | | 55.26 | |

## 4.5.3 水质指标赋分计算

（1）溶解氧状况

基于对辽河保护区“十三五”期间水质月报 DO 数据的收集，DO 状况指标赋分见表 4-24。

表 4-24 辽河保护区“十三五”期间 DO 状况赋分

| 序号 | 代表站点 | DO/（mg/L） | 指标赋分 |
|---|---|---|---|
| 1 | 福德店 | 9.5 | 100 |
| 2 | 三合屯 | 9 | 100 |
| 3 | 双安桥 | 10.8 | 100 |
| 4 | 朱尔山 | 10.5 | 100 |
| 5 | 石佛寺 | 11.3 | 100 |
| 6 | 马虎山 | 10.2 | 100 |
| 7 | 红庙子 | 12.2 | 100 |
| 8 | 大张桥 | 7.8 | 100 |
| 9 | 盘锦兴安 | 9.8 | 100 |
| 10 | 曙光大桥 | 7.7 | 100 |
| 11 | 赵圈河 | 8.56 | 100 |
| 辽河保护区 DO 状况赋分 | | 100 | |

（2）耗氧有机污染物状况

评价方法与“十二五”时期相同，其具体指标赋分如下：

1）COD：基于对辽河保护区“十三五”期间水质月报 COD 数据的收集，辽河保护区 COD 状况指标赋分见表 4-25。

表 4-25 辽河保护区“十三五”期间 COD 指标赋分

| 序号 | 代表站点 | COD/（mg/L） | 指标赋分 |
|---|---|---|---|
| 1 | 福德店 | 13 | 97 |
| 2 | 三合屯 | 12 | 100 |
| 3 | 双安桥 | 13 | 97 |
| 4 | 朱尔山 | 12 | 100 |
| 5 | 石佛寺 | 12 | 100 |
| 6 | 马虎山 | 13 | 97 |
| 7 | 红庙子 | 19 | 74 |
| 8 | 大张桥 | 13 | 97 |
| 9 | 盘锦兴安 | 13 | 97 |
| 10 | 曙光大桥 | 16 | 86 |
| 11 | 赵圈河 | 16 | 86 |

2）$NH_3$-N：基于对辽河保护区“十三五”期间水质月报 $NH_3$-N 数据的收集，辽河

保护区 $NH_3$-N 指标赋分见表 4-26。

表 4-26　辽河保护区“十三五”期间 $NH_3$-N 指标赋分

| 序号 | 代表站点 | $NH_3$-N/（mg/L） | 指标赋分 |
|---|---|---|---|
| 1 | 福德店 | 0.029 | 100 |
| 2 | 三合屯 | 0.034 | 100 |
| 3 | 双安桥 | 0.196 | 98 |
| 4 | 朱尔山 | 0.252 | 95 |
| 5 | 石佛寺 | 0.265 | 94 |
| 6 | 马虎山 | 0.152 | 100 |
| 7 | 红庙子 | 0.150 | 100 |
| 8 | 大张桥 | 0.270 | 95 |
| 9 | 盘锦兴安 | 0.236 | 96 |
| 10 | 曙光大桥 | 0.412 | 87 |
| 11 | 赵圈河 | 0.340 | 91 |

3）$BOD_5$：基于对辽河保护区“十三五”期间水质月报 $BOD_5$ 数据的收集，辽河保护区 $BOD_5$ 指标赋分见表 4-27。

表 4-27　辽河保护区“十三五”期间 $BOD_5$ 指标赋分

| 序号 | 代表站点 | $BOD_5$/（mg/L） | 指标赋分 |
|---|---|---|---|
| 1 | 福德店 | 5.38 | 52.98 |
| 2 | 三合屯 | 5.20 | 55.31 |
| 3 | 双安桥 | 5.55 | 50.71 |
| 4 | 朱尔山 | 5.05 | 57.28 |
| 5 | 石佛寺 | 4.89 | 59.39 |
| 6 | 马虎山 | 6.25 | 41.52 |
| 7 | 红庙子 | 5.75 | 48.09 |
| 8 | 大张桥 | 4.90 | 59.25 |
| 9 | 盘锦兴安 | 5.29 | 54.14 |
| 10 | 曙光大桥 | 5.03 | 57.50 |
| 11 | 赵圈河 | 4.48 | 64.84 |

4）耗氧有机污染物污染状况赋分：根据公式可得到有机污染物状况赋分情况，指标赋分见表 4-28。

（3）重金属污染状况

基于对辽河保护区“十三五”期间重金属 Cr、Cd、As、Pb 含量的收集，辽河保护区重金属污染状况赋分见表 4-29。

表 4-28 辽河保护区“十三五”期间有机污染物状况赋分

| 序号 | 代表站点 | COD/（mg/L） | $NH_3$-N/（mg/L） | $BOD_5$/（mg/L） | 有机污染物状况赋分 |
|---|---|---|---|---|---|
| 1 | 福德店 | 97 | 100 | 52.98 | 83.39 |
| 2 | 三合屯 | 100 | 100 | 55.31 | 85.42 |
| 3 | 双安桥 | 97 | 98 | 50.71 | 82.10 |
| 4 | 朱尔山 | 100 | 95 | 57.28 | 84.24 |
| 5 | 石佛寺 | 100 | 94 | 59.39 | 84.71 |
| 6 | 马虎山 | 97 | 100 | 41.52 | 79.57 |
| 7 | 红庙子 | 74 | 100 | 48.09 | 74.25 |
| 8 | 大张桥 | 97 | 95 | 59.25 | 83.64 |
| 9 | 盘锦兴安 | 97 | 96 | 54.14 | 82.54 |
| 10 | 曙光大桥 | 86 | 87 | 57.50 | 76.78 |
| 11 | 赵圈河 | 86 | 91 | 64.84 | 80.50 |
| 辽河保护区有机污染物状况赋分 | | 80.77 | | | |

表 4-29 辽河保护区“十三五”期间重金属污染物状况赋分

| 序号 | 代表站点 | Cr/（mg/L） | Cd/（mg/L） | As/（mg/L） | Pb/（mg/L） | 重金属状况赋分 |
|---|---|---|---|---|---|---|
| 1 | 福德店 | 0.001 095 | 0.000 037 9 | 0.003 746 | 0.002 855 | 100 |
| 2 | 三合屯 | 0.000 420 | 0.000 021 7 | 0.002 868 | 0.001 355 | 100 |
| 3 | 双安桥 | 0.000 464 | 0.001 158 7 | 0.002 131 | 0.002 270 | 99 |
| 4 | 朱尔山 | 0.001 473 | 0.000 031 1 | 0.002 664 | 0.003 567 | 100 |
| 5 | 石佛寺 | 0.000 423 | 0.000 028 2 | 0.002 556 | 0.000 819 | 100 |
| 6 | 马虎山 | 0.000 596 | 0.000 058 4 | 0.006 062 | 0.001 056 | 100 |
| 7 | 红庙子 | 0.001 283 | 0.000 035 6 | 0.005 475 | 0.005 867 | 100 |
| 8 | 大张桥 | 0.001 030 | 0.000 028 2 | 0.003 000 | 0.001 957 | 100 |
| 9 | 盘锦兴安 | 0.000 494 | 0.000 037 8 | 0.002 663 | 0.001 705 | 100 |
| 10 | 曙光大桥 | 0.001 298 | 0.000 025 2 | 0.002 725 | 0.001 570 | 100 |
| 11 | 赵圈河 | 0.000 677 | 0.000 039 8 | 0.003 048 | 0.006 925 | 100 |
| 辽河保护区重金属状况赋分 | | 99.89 | | | | |

### 4.5.4 水生物指标赋分计算

（1）大型底栖动物生物多样性

基于对辽河保护区“十三五”期间大型底栖动物生物多样性指数数据的收集，辽河保护区大型底栖动物生物多样性指标赋分见表 4-30。

表 4-30　辽河保护区“十三五”期间大型底栖动物生物多样性指标赋分

| 序号 | 代表站点 | 调查数据（B-IBI） | 指标赋分 |
|---|---|---|---|
| 1 | 福德店 | 1.28 | 27.83 |
| 2 | 三合屯 | 1.77 | 38.53 |
| 3 | 双安桥 | 1.25 | 27.18 |
| 4 | 朱尔山 | 1.74 | 37.86 |
| 5 | 石佛寺 | 1.64 | 35.86 |
| 6 | 马虎山 | 1.13 | 24.55 |
| 7 | 红庙子 | 1.03 | 22.52 |
| 8 | 大张桥 | 1.70 | 37.00 |
| 9 | 盘锦兴安 | 1.08 | 23.50 |
| 10 | 曙光大桥 | 0.53 | 11.48 |
| 11 | 赵圈河 | 1.28 | 27.83 |
| 辽河保护区大型底栖动物生物多样性指标赋分 | | 27.46 | |

（2）鱼类多样性指数

基于对辽河保护区“十三五”期间鱼类数据的收集，辽河保护区鱼类多样性指数指标赋分见表 4-31。

表 4-31　辽河保护区“十三五”期间鱼类多样性指数指标赋分

| 序号 | 代表站点 | 调查数据（$H$） | 指标赋分 |
|---|---|---|---|
| 1 | 福德店 | 2.41 | 64.23 |
| 2 | 三合屯 | 1.74 | 48.60 |
| 3 | 双安桥 | 2.18 | 58.87 |
| 4 | 朱尔山 | 1.49 | 42.77 |
| 5 | 石佛寺 | 1.96 | 53.73 |
| 6 | 马虎山 | 1.96 | 53.73 |
| 7 | 红庙子 | 1.96 | 53.73 |
| 8 | 大张桥 | 2.06 | 56.07 |
| 9 | 盘锦兴安 | 2.05 | 55.83 |
| 10 | 曙光大桥 | 2.36 | 63.07 |
| 11 | 赵圈河 | 2.02 | 55.13 |
| 辽河保护区鱼类多样性指数指标赋分 | | 55.46 | |

## 4.5.5　社会属性指标赋分

由于社会属性指标不进行分段评价，因此对辽河保护区整段进行评价，其赋分情况见表 4-32。

表 4-32 辽河保护区“十三五”期间社会属性各指标赋分

| 评价河流 | 指标名称 | 调查数据/% | 赋分 |
|---|---|---|---|
| 辽河保护区 | 水功能区达标率 | 52.2 | 52.2 |
| | 水资源开发利用率 | 69.7 | 0 |
| | 防洪保证率 | 39 | 0 |
| | 公众满意度 | 85 | 85 |

## 4.6 辽河保护区河流健康综合评价

### 4.6.1 “十二五”期间辽河保护区河流健康评价得分

基于上述对辽河保护区河流健康评价 5 个准则层方面的各评价指标赋分情况，辽河保护区“十二五”期间河流健康评价赋分见表 4-33。

表 4-33 “十二五”期间辽河保护区河流健康评价赋分

| 目标层 | 准则层 | 指标层 | 指标层权重 | 指标层赋分 | 准则层赋分 | 生态完整性权重 | 生态完整性赋分 | 河流健康得分权重 | 河流健康赋分 |
|---|---|---|---|---|---|---|---|---|---|
| A 辽河保护区河流健康评价 | $B_1$ 水文水资源 | $C_{11}$ 生态流量满足程度 | 1 | 53.41 | 53.41 | 0.2 | 55.27 | 0.7 | 46.80 |
| | $B_2$ 物理结构 | $C_{21}$ 河岸带状况 | 0.6 | 57.46 | 60.29 | 0.2 | | | |
| | | $C_{22}$ 河流连通状况 | 0.4 | 64.53 | | | | | |
| | $B_3$ 水质 | $C_{31}$ 溶解氧状况 | — | 96.04 | 67.02 | 0.2 | | | |
| | | $C_{32}$ 耗氧有机污染物状况 | — | 67.13 | | | | | |
| | | $C_{33}$ 重金属污染状况 | — | 84.87 | | | | | |
| | $B_4$ 水生物 | $C_{41}$ 大型底栖生物多样性指数 | 0.4 | 37.24 | 47.75 | 0.4 | | | |
| | | $C_{42}$ 鱼类多样性指数 | 0.6 | 54.76 | | | | | |
| | $B_5$ 社会属性 | $C_{51}$ 水功能区达标率 | 0.25 | 22.58 | 27.11 | 1.0 | 27.11 | 0.3 | |
| | | $C_{52}$ 水资源开发利用率 | 0.25 | 0 | | | | | |
| | | $C_{53}$ 防洪保证率 | 0.25 | 10.85 | | | | | |
| | | $C_{54}$ 公众满意度 | 0.25 | 75 | | | | | |

注：水质准则层各指标无权重，采用最小分值法，即选择指标赋分最小值

由河流健康评价综合指数法公式可知，将指标层各指标赋分乘以对应权重值，得到准则层赋分，再将准则层赋分乘以生态完整性权重，得到“十二五”期间辽河保护区河流健康赋分，进而根据赋分对应等级，判断河流健康等级。

基于对辽河保护区各项指标的评价赋分，“十二五”期间辽河保护区河流健康等级结果见表 4-34。

表 4-34 "十二五"期间辽河保护区河流健康等级

| 目标层 | 准则层 | 指标层 | 指标层健康等级 | 准则层健康等级 |
|---|---|---|---|---|
| A 辽河保护区河流健康评价 | **$B_1$** 水文水资源 | **$C_{11}$** 生态流量满足程度 | 亚健康 | 亚健康 |
| | **$B_2$** 物理结构 | **$C_{21}$** 河岸带状况 | 亚健康 | 健康 |
| | | **$C_{22}$** 河流连通状况 | 健康 | |
| | **$B_3$** 水质 | **$C_{31}$** 溶解氧状况 | 理想 | 健康 |
| | | **$C_{32}$** 耗氧有机污染物状况 | 健康 | |
| | | **$C_{33}$** 重金属污染状况 | 理想 | |
| | **$B_4$** 水生物 | **$C_{41}$** 大型底栖动物生物多样性指数 | 不健康 | 亚健康 |
| | | **$C_{42}$** 鱼类多样性指数 | 亚健康 | |
| | **$B_5$** 社会属性 | **$C_{51}$** 水功能区达标率 | 不健康 | 不健康 |
| | | **$C_{52}$** 水资源开发利用率 | 病态 | |
| | | **$C_{53}$** 防洪保证率 | 病态 | |
| | | **$C_{54}$** 公众满意度 | 健康 | |
| 辽河保护区健康等级 | | | | 亚健康 |

## 4.6.2 "十三五"期间辽河保护区河流健康评价

"十三五"期间辽河保护区河流健康评价赋分见表 4-35。

表 4-35 "十三五"期间辽河保护区河流健康评价赋分

| 目标层 | 准则层 | 指标层 | 指标层权重 | 指标层赋分 | 准则层赋分 | 生态完整型权重 | 生态完整性赋分 | 河流健康得分权重 | 河流健康赋分 |
|---|---|---|---|---|---|---|---|---|---|
| A 辽河保护区河流健康评价 | **$B_1$** 水文水资源 | **$C_{11}$** 生态流量满足程度 | 1 | 57.30 | 57.30 | 0.2 | 50.01 | 0.7 | 51.50 |
| | **$B_2$** 物理结构 | **$C_{21}$** 河岸带状况 | 0.6 | 76.16 | 67.80 | 0.2 | | | |
| | | **$C_{22}$** 河流连通状况 | 0.4 | 55.26 | | | | | |
| | **$B_3$** 水质 | **$C_{31}$** 溶解氧状况 | — | 100 | 80.77 | 0.2 | | | |
| | | **$C_{32}$** 耗氧有机污染物状况 | — | 80.77 | | | | | |
| | | **$C_{33}$** 重金属污染状况 | — | 99.89 | | | | | |
| | **$B_4$** 水生物 | **$C_{41}$** 大型底栖生物多样性指数 | 0.4 | 27.46 | 44.26 | 0.4 | | | |
| | | **$C_{42}$** 鱼类多样性指数 | 0.6 | 55.46 | | | | | |
| | **$B_5$** 社会属性 | **$C_{51}$** 水功能区达标率 | 0.25 | 52.2 | 34.30 | 1.0 | 34.30 | 0.3 | |
| | | **$C_{52}$** 水资源开发利用率 | 0.25 | 0 | | | | | |
| | | **$C_{53}$** 防洪保证率 | 0.25 | 0 | | | | | |
| | | **$C_{54}$** 公众满意度 | 0.25 | 85 | | | | | |

注：水质准则层各指标无权重，采用最小分值法，即选择指标赋分最小值

“十三五”期间辽河保护区河流健康评价结果见表 4-36。

表 4-36 “十三五”期间辽河保护区河流健康等级

| 目标层 | 准则层 | 指标层 | 指标层健康等级 | 准则层健康等级 |
|---|---|---|---|---|
| A 辽河保护区河流健康评价 | $B_1$ 水文水资源 | $C_{11}$ 生态流量满足程度 | 亚健康 | 亚健康 |
| | $B_2$ 物理结构 | $C_{21}$ 河岸带状况 | 健康 | 健康 |
| | | $C_{22}$ 河流连通状况 | 亚健康 | |
| | $B_3$ 水质 | $C_{31}$ 溶解氧状况 | 理想 | 理想 |
| | | $C_{32}$ 耗氧有机污染物状况 | 理想 | |
| | | $C_{33}$ 重金属污染状况 | 理想 | |
| | $B_4$ 水生物 | $C_{41}$ 大型底栖动物生物多样性指数 | 不健康 | 亚健康 |
| | | $C_{42}$ 鱼类多样性指数 | 亚健康 | |
| | $B_5$ 社会属性 | $C_{51}$ 水功能区达标率 | 亚健康 | 不健康 |
| | | $C_{52}$ 水资源开发利用率 | 病态 | |
| | | $C_{53}$ 防洪保证率 | 病态 | |
| | | $C_{54}$ 公众满意度 | 理想 | |
| 辽河保护区健康等级 | | | | 亚健康 |

## 4.7 辽河保护区河流健康分段评价

### 4.7.1 辽河保护区福德店河流健康评价

基于数据收集情况及河流健康评价公式，“十二五”期间福德店河流健康评价情况见表 4-37。

表 4-37 “十二五”期间辽河保护区福德店河流健康赋分

| 目标层 | 名称 | 准则层 | 指标层 | 指标层权重 | 指标层赋分 | 准则层赋分 | 准则层权重 | 福德店河流健康评价赋分 |
|---|---|---|---|---|---|---|---|---|
| A 辽河保护区福德店河流健康评价 | 福德店河流活力性评价 | $B_1$ 水文水资源 | $C_{11}$ 生态流量满足程度 | 1 | 37 | 37 | 0.5 | 60.2 |
| | | $B_2$ 物理结构 | $C_{21}$ 河岸带状况 | 0.6 | 71.73 | 83.04 | 0.5 | |
| | | | $C_{22}$ 河流连通状况 | 0.4 | 100 | | | |
| | 福德店河流清洁性评价 | $B_3$ 水质 | $C_{31}$ 溶解氧状况 | — | 100 | 69.59 | 0.4 | 56.79 |
| | | | $C_{32}$ 耗氧有机污染物状况 | — | 69.59 | | | |
| | | | $C_{33}$ 重金属污染状况 | — | 85.32 | | | |
| | | $B_4$ 水生物 | $C_{41}$ 大型底栖动物多样性指数 | 0.4 | 46.85 | 48.25 | 0.6 | |
| | | | $C_{42}$ 鱼类多样性指数 | 0.6 | 49.18 | | | |

注：水质准则层各指标无权重，采用最小分值法，即选择指标赋分最小值。

"十二五"期间辽河保护区福德店河流健康等级见表4-38。

表4-38　"十二五"期间辽河保护区福德店河流健康等级

| 目标层 | 名称 | 准则层 | 指标层 | 指标层健康等级 | 准则层健康等级 | 健康等级 |
|---|---|---|---|---|---|---|
| A辽河保护区河流健康评价 | 福德店河流活力性评价 | $B_1$水文水资源 | $C_{11}$生态流量满足程度 | 不健康 | 不健康 | 健康 |
| | | $B_2$物理结构 | $C_{21}$河岸带状况 | 健康 | 理想 | |
| | | | $C_{22}$河流连通状况 | 理想 | | |
| | 福德店河流清洁性评价 | $B_3$水质 | $C_{31}$溶解氧状况 | 理想 | 健康 | 亚健康 |
| | | | $C_{32}$耗氧有机污染物状况 | 健康 | | |
| | | | $C_{33}$重金属污染状况 | 理想 | | |
| | | $B_4$水生物 | $C_{41}$大型底栖动物生物多样性指数 | 亚健康 | 亚健康 | |
| | | | $C_{42}$鱼类多样性指数 | 亚健康 | | |

"十三五"期间辽河保护区福德店河流健康赋分见表4-39。

表4-39　"十三五"期间辽河保护区福德店河流健康赋分

| 目标层 | 名称 | 准则层 | 指标层 | 指标层权重 | 指标层赋分 | 准则层赋分 | 准则层权重 | 福德店河流健康评价赋分 |
|---|---|---|---|---|---|---|---|---|
| A辽河保护区福德店河流健康评价 | 福德店河流活力性评价 | $B_1$水文水资源 | $C_{11}$生态流量满足程度 | 1 | 68 | 68 | 0.5 | 71.27 |
| | | $B_2$物理结构 | $C_{21}$河岸带状况 | 0.6 | 88.23 | 74.54 | 0.5 | |
| | | | $C_{22}$河流连通状况 | 0.4 | 50 | | | |
| | 福德店河流清洁性评价 | $B_3$水质 | $C_{31}$溶解氧状况 | — | 100 | 83.39 | 0.4 | 63.16 |
| | | | $C_{32}$耗氧有机污染物状况 | — | 83.39 | | | |
| | | | $C_{33}$重金属污染状况 | — | 100 | | | |
| | | $B_4$水生物 | $C_{41}$大型底栖动物多样性指数 | 0.4 | 27.83 | 49.67 | 0.6 | |
| | | | $C_{42}$鱼类多样性指数 | 0.6 | 64.23 | | | |

注：水质准则层各指标无权重，采用最小分值法，即选择指标赋分最小值。

"十三五"期间辽河保护区福德店河流活力性等级及清洁性等级见表4-40。

表 4-40 “十三五”期间辽河保护区福德店河流健康等级

| 目标层 | 名称 | 准则层 | 指标层 | 指标层健康等级 | 准则层健康等级 | 健康等级 |
|---|---|---|---|---|---|---|
| A 辽河保护区河流健康评价 | 福德店河流活力性评价 | $B_1$ 水文水资源 | $C_{11}$ 生态流量满足程度 | 健康 | 健康 | 健康 |
| | | $B_2$ 物理结构 | $C_{21}$ 河岸带状况 | 理想 | 健康 | |
| | | | $C_{22}$ 河流连通状况 | 亚健康 | | |
| | 福德店河流清洁性评价 | $B_3$ 水质 | $C_{31}$ 溶解氧状况 | 理想 | 理想 | 健康 |
| | | | $C_{32}$ 耗氧有机污染物状况 | 理想 | | |
| | | | $C_{33}$ 重金属污染状况 | 理想 | | |
| | | $B_4$ 水生物 | $C_{41}$ 大型底栖动物生物多样性指数 | 不健康 | 亚健康 | |
| | | | $C_{42}$ 鱼类多样性指数 | 健康 | | |

## 4.7.2 辽河保护区三合屯河流健康评价

基于数据收集情况，及河流健康评价公式，“十二五”期间辽河保护区三合屯河流健康评价情况见表 4-41。

表 4-41 “十二五”期间辽河保护区三合屯河流健康赋分

| 目标层 | 名称 | 准则层 | 指标层 | 指标层权重 | 指标层赋分 | 准则层赋分 | 准则层权重 | 三合屯河流健康赋分 |
|---|---|---|---|---|---|---|---|---|
| A 辽河保护区三合屯河流健康评价 | 三合屯河流活力性评价 | $B_1$ 水文水资源 | $C_{11}$ 生态流量满足程度 | 1 | 60 | 60 | 0.5 | 54.67 |
| | | $B_2$ 物理结构 | $C_{21}$ 河岸带状况 | 0.6 | 65.57 | 49.34 | 0.5 | |
| | | | $C_{22}$ 河流连通状况 | 0.4 | 25 | | | |
| | 三合屯河流清洁性评价 | $B_3$ 水质 | $C_{31}$ 溶解氧状况 | — | 100 | 59.94 | 0.4 | 53.62 |
| | | | $C_{32}$ 耗氧有机污染物状况 | — | 59.94 | | | |
| | | | $C_{33}$ 重金属污染状况 | — | 85.32 | | | |
| | | $B_4$ 水生物 | $C_{41}$ 大型底栖动物多样性指数 | 0.4 | 41.18 | 49.41 | 0.6 | |
| | | | $C_{42}$ 鱼类多样性指数 | 0.6 | 54.90 | | | |

注：水质准则层各指标无权重，采用最小分值法，即选择指标赋分最小值。

“十二五”期间辽河保护区三合屯河流健康等级见表 4-42。

**表 4-42 “十二五”期间辽河保护区三合屯河流健康等级**

| 目标层 | 名称 | 准则层 | 指标层 | 指标层健康等级 | 准则层健康等级 | 健康等级 |
|---|---|---|---|---|---|---|
| A 辽河保护区河流健康评价 | 三合屯河流活力性评价 | $B_1$ 水文水资源 | $C_{11}$ 生态流量满足程度 | 亚健康 | 亚健康 | 亚健康 |
| | | $B_2$ 物理结构 | $C_{21}$ 河岸带状况 | 健康 | 亚健康 | |
| | | | $C_{22}$ 河流连通状况 | 不健康 | | |
| | 三合屯河流清洁性评价 | $B_3$ 水质 | $C_{31}$ 溶解氧状况 | 理想 | 亚健康 | 亚健康 |
| | | | $C_{32}$ 耗氧有机污染物状况 | 亚健康 | | |
| | | | $C_{33}$ 重金属污染状况 | 理想 | | |
| | | $B_4$ 水生物 | $C_{41}$ 大型底栖动物生物多样性指数 | 亚健康 | 亚健康 | |
| | | | $C_{42}$ 鱼类多样性指数 | 亚健康 | | |

“十三五”期间辽河保护区三合屯河流健康赋分见表 4-43。

**表 4-43 “十三五”期间辽河保护区三合屯河流健康赋分**

| 目标层 | 名称 | 准则层 | 指标层 | 指标层权重 | 指标层赋分 | 准则层赋分 | 准则层权重 | 三合屯河流健康评价赋分 |
|---|---|---|---|---|---|---|---|---|
| A 辽河保护区三合屯河流健康评价 | 三合屯河流活力性评价 | $B_1$ 水文水资源 | $C_{11}$ 生态流量满足程度 | 1 | 46 | 46 | 0.5 | 50.67 |
| | | $B_2$ 物理结构 | $C_{21}$ 河岸带状况 | 0.6 | 75.56 | 55.34 | 0.5 | |
| | | | $C_{22}$ 河流连通状况 | 0.4 | 25 | | | |
| | 三合屯河流清洁性评价 | $B_3$ 水质 | $C_{31}$ 溶解氧状况 | — | 100 | 85.42 | 0.4 | 60.91 |
| | | | $C_{32}$ 耗氧有机污染物状况 | — | 85.42 | | | |
| | | | $C_{33}$ 重金属污染状况 | — | 100 | | | |
| | | $B_4$ 水生物 | $C_{41}$ 大型底栖动物多样性指数 | 0.4 | 38.53 | 44.57 | 0.6 | |
| | | | $C_{42}$ 鱼类多样性指数 | 0.6 | 48.60 | | | |

注：水质准则层各指标无权重，采用最小分值法，即选择指标赋分最小值。

“十三五”期间辽河保护区河流健康等级见表 4-44。

表 4-44 “十三五”期间辽河保护区三合屯河流健康等级

| 目标层 | 名称 | 准则层 | 指标层 | 指标层健康等级 | 准则层健康等级 | 健康等级 |
|---|---|---|---|---|---|---|
| A 辽河保护区河流健康评价 | 三合屯河流活力性评价 | $B_1$ 水文水资源 | $C_{11}$ 生态流量满足程度 | 亚健康 | 亚健康 | 亚健康 |
| | | $B_2$ 物理结构 | $C_{21}$ 河岸带状况 | 健康 | 亚健康 | |
| | | | $C_{22}$ 河流连通状况 | 不健康 | | |
| | 三合屯河流清洁性评价 | $B_3$ 水质 | $C_{31}$ 溶解氧状况 | 理想 | 理想 | 健康 |
| | | | $C_{32}$ 耗氧有机污染物状况 | 理想 | | |
| | | | $C_{33}$ 重金属污染状况 | 理想 | | |
| | | $B_4$ 水生物 | $C_{41}$ 大型底栖动物生物多样性指数 | 不健康 | 亚健康 | |
| | | | $C_{42}$ 鱼类多样性指数 | 亚健康 | | |

## 4.7.3 辽河保护区双安桥河流健康评价

基于数据收集情况及河流健康评价公式，“十二五”期间辽河保护区双安桥河流健康评价情况见表 4-45。

表 4-45 “十二五”期间辽河保护区双安桥河流健康赋分

| 目标层 | 名称 | 准则层 | 指标层 | 指标层权重 | 指标层赋分 | 准则层赋分 | 准则层权重 | 双安桥河流健康评价赋分 |
|---|---|---|---|---|---|---|---|---|
| A 辽河保护区双安桥河流健康评价 | 双安桥河流活力性评价 | $B_1$ 水文水资源 | $C_{11}$ 生态流量满足程度 | 1 | 60 | 60 | 0.5 | 58.38 |
| | | $B_2$ 物理结构 | $C_{21}$ 河岸带状况 | 0.6 | 44.59 | 56.75 | 0.5 | |
| | | | $C_{22}$ 河流连通状况 | 0.4 | 75 | | | |
| | 双安桥河流清洁性评价 | $B_3$ 水质 | $C_{31}$ 溶解氧状况 | — | 100 | 70.59 | 0.4 | 64.42 |
| | | | $C_{32}$ 耗氧有机污染物状况 | — | 70.59 | | | |
| | | | $C_{33}$ 重金属污染状况 | — | 85.32 | | | |
| | | $B_4$ 水生物 | $C_{41}$ 大型底栖动物生物多样性指数 | 0.4 | 48.47 | 60.31 | 0.6 | |
| | | | $C_{42}$ 鱼类多样性指数 | 0.6 | 68.20 | | | |

注：水质准则层各指标无权重，采用最小分值法，即选择指标赋分最小值。

“十二五”期间辽河保护区双安桥河流健康等级见表 4-46。

表 4-46　“十二五”期间辽河保护区双安桥河流健康等级

<table>
<tr><th>目标层</th><th>名称</th><th>准则层</th><th>指标层</th><th>指标层健康等级</th><th>准则层健康等级</th><th>健康等级</th></tr>
<tr><td rowspan="8">A 辽河保护区河流健康评价</td><td rowspan="3">双安桥河流活力性评价</td><td>$B_1$ 水文水资源</td><td>$C_{11}$ 生态流量满足程度</td><td>亚健康</td><td>亚健康</td><td rowspan="3">亚健康</td></tr>
<tr><td rowspan="2">$B_2$ 物理结构</td><td>$C_{21}$ 河岸带状况</td><td>亚健康</td><td rowspan="2">亚健康</td></tr>
<tr><td>$C_{22}$ 河流连通状况</td><td>健康</td></tr>
<tr><td rowspan="5">双安桥河流清洁性评价</td><td rowspan="3">$B_3$ 水质</td><td>$C_{31}$ 溶解氧状况</td><td>理想</td><td rowspan="3">健康</td><td rowspan="5">健康</td></tr>
<tr><td>$C_{32}$ 耗氧有机污染物状况</td><td>健康</td></tr>
<tr><td>$C_{33}$ 重金属污染状况</td><td>理想</td></tr>
<tr><td rowspan="2">$B_4$ 水生物</td><td>$C_{41}$ 大型底栖动物生物多样性指数</td><td>亚健康</td><td rowspan="2">健康</td></tr>
<tr><td>$C_{42}$ 鱼类多样性指数</td><td>健康</td></tr>
</table>

“十三五”期间辽河保护区双安桥河流健康评价赋分见表 4-47。

表 4-47　“十三五”期间辽河保护区双安桥河流健康评价赋分

<table>
<tr><th>目标层</th><th>名称</th><th>准则层</th><th>指标层</th><th>指标层权重</th><th>指标层赋分</th><th>准则层赋分</th><th>准则层权重</th><th>双安桥河流健康评价赋分</th></tr>
<tr><td rowspan="8">A 辽河保护区双安桥河流健康评价</td><td rowspan="3">双安桥河流活力性评价</td><td>$B_1$ 水文水资源</td><td>$C_{11}$ 生态流量满足程度</td><td>1</td><td>46</td><td>46</td><td>0.5</td><td rowspan="3">56.88</td></tr>
<tr><td rowspan="2">$B_2$ 物理结构</td><td>$C_{21}$ 河岸带状况</td><td>0.6</td><td>62.94</td><td rowspan="2">67.76</td><td rowspan="2">0.5</td></tr>
<tr><td>$C_{22}$ 河流连通状况</td><td>0.4</td><td>75</td></tr>
<tr><td rowspan="5">双安桥河流清洁性评价</td><td rowspan="3">$B_3$ 水质</td><td>$C_{31}$ 溶解氧状况</td><td>—</td><td>100</td><td rowspan="3">82.10</td><td rowspan="3">0.4</td><td rowspan="5">60.44</td></tr>
<tr><td>$C_{32}$ 耗氧有机污染物状况</td><td>—</td><td>82.10</td></tr>
<tr><td>$C_{33}$ 重金属污染状况</td><td>—</td><td>99</td></tr>
<tr><td rowspan="2">$B_4$ 水生物</td><td>$C_{41}$ 大型底栖动物多样性指数</td><td>0.4</td><td>27.18</td><td rowspan="2">46.01</td><td rowspan="2">0.6</td></tr>
<tr><td>$C_{42}$ 鱼类多样性指数</td><td>0.6</td><td>58.57</td></tr>
</table>

注：水质准则层各指标无权重，采用最小分值法，即选择指标赋分最小值

“十三五”期间辽河保护区双安桥河流健康等级见表 4-48。

表 4-48 “十三五”期间辽河保护区双安桥河流健康等级

| 目标层 | 名称 | 准则层 | 指标层 | 指标层健康等级 | 准则层健康等级 | 健康等级 |
|---|---|---|---|---|---|---|
| A 辽河保护区河流健康评价 | 双安桥河流活力性评价 | $B_1$ 水文水资源 | $C_{11}$ 生态流量满足程度 | 亚健康 | 亚健康 | 亚健康 |
| | | $B_2$ 物理结构 | $C_{21}$ 河岸带状况 | 健康 | 健康 | |
| | | | $C_{22}$ 河流连通状况 | 健康 | | |
| | 双安桥河流清洁性评价 | $B_3$ 水质 | $C_{31}$ 溶解氧状况 | 理想 | 理想 | 健康 |
| | | | $C_{32}$ 耗氧有机污染物状况 | 理想 | | |
| | | | $C_{33}$ 重金属污染状况 | 理想 | | |
| | | $B_4$ 水生物 | $C_{41}$ 大型底栖动物生物多样性指数 | 不健康 | 亚健康 | |
| | | | $C_{42}$ 鱼类多样性指数 | 亚健康 | | |

## 4.7.4 辽河保护区朱尔山河流健康评价

基于数据收集情况及河流健康评价公式，“十二五”期间辽河保护区朱尔山河流健康评价情况见表 4-49。

表 4-49 “十二五”期间辽河保护区朱尔山河流健康评价赋分

| 目标层 | 名称 | 准则层 | 指标层 | 指标层权重 | 指标层赋分 | 准则层赋分 | 准则层权重 | 朱尔山河流健康评价赋分 |
|---|---|---|---|---|---|---|---|---|
| A 辽河保护区朱尔山河流健康评价 | 朱尔山河流活力性评价 | $B_1$ 水文水资源 | $C_{11}$ 生态流量满足程度 | 1 | 60 | 60 | 0.5 | 64.82 |
| | | $B_2$ 物理结构 | $C_{21}$ 河岸带状况 | 0.6 | 66.07 | 69.64 | 0.5 | |
| | | | $C_{22}$ 河流连通状况 | 0.4 | 75 | | | |
| | 朱尔山河流清洁性评价 | $B_3$ 水质 | $C_{31}$ 溶解氧状况 | — | 100 | 71.27 | 0.4 | 53.88 |
| | | | $C_{32}$ 耗氧有机污染物状况 | — | 71.27 | | | |
| | | | $C_{33}$ 重金属污染状况 | — | 100 | | | |
| | | $B_4$ 水生物 | $C_{41}$ 大型底栖动物多样性指数 | 0.4 | 29.04 | 42.31 | 0.6 | |
| | | | $C_{42}$ 鱼类多样性指数 | 0.6 | 51.17 | | | |

注：水质准则层各指标无权重，采用最小分值法，即选择指标赋分最小值。

"十二五"期间辽河保护区朱尔山河流健康等级见表4-50。

**表4-50　"十二五"期间辽河保护区朱尔山河流健康等级**

| 目标层 | 名称 | 准则层 | 指标层 | 指标层健康等级 | 准则层健康等级 | 健康等级 |
|---|---|---|---|---|---|---|
| A辽河保护区河流健康评价 | 朱尔山河流活力性评价 | $B_1$水文水资源 | $C_{11}$生态流量满足程度 | 亚健康 | 亚健康 | 健康 |
| | | $B_2$物理结构 | $C_{21}$河岸带状况 | 健康 | 健康 | |
| | | | $C_{22}$河流连通状况 | 健康 | | |
| | 朱尔山河流清洁性评价 | $B_3$水质 | $C_{31}$溶解氧状况 | 理想 | 健康 | 亚健康 |
| | | | $C_{32}$耗氧有机污染物状况 | 健康 | | |
| | | | $C_{33}$重金属污染状况 | 理想 | | |
| | | $B_4$水生物 | $C_{41}$大型底栖动物生物多样性指数 | 不健康 | 亚健康 | |
| | | | $C_{42}$鱼类多样性指数 | 亚健康 | | |

"十三五"期间辽河保护区朱尔山河流健康评价健康赋分见表4-51。

**表4-51　"十三五"期间辽河保护区朱尔山河流健康赋分**

| 目标层 | 名称 | 准则层 | 指标层 | 指标层权重 | 指标层赋分 | 准则层赋分 | 准则层权重 | 朱尔山河流健康评价赋分 |
|---|---|---|---|---|---|---|---|---|
| A辽河保护区朱尔山河流健康评价 | 朱尔山河流活力性评价 | $B_1$水文水资源 | $C_{11}$生态流量满足程度 | 1 | 100 | 100 | 0.5 | 88.37 |
| | | $B_2$物理结构 | $C_{21}$河岸带状况 | 0.6 | 77.90 | 76.74 | 0.5 | |
| | | | $C_{22}$河流连通状况 | 0.4 | 75 | | | |
| | 朱尔山河流清洁性评价 | $B_3$水质 | $C_{31}$溶解氧状况 | — | 100 | 84.24 | 0.4 | 58.18 |
| | | | $C_{32}$耗氧有机污染物状况 | — | 84.24 | | | |
| | | | $C_{33}$重金属污染状况 | — | 87.32 | | | |
| | | $B_4$水生物 | $C_{41}$大型底栖动物多样性指数 | 0.4 | 37.86 | 40.81 | 0.6 | |
| | | | $C_{42}$鱼类多样性指数 | 0.6 | 42.77 | | | |

注：水质准则层各指标无权重，采用最小分值法，即选择指标赋分最小值。

“十三五”期间辽河保护区朱尔山河流健康等级见表 4-52。

表 4-52 “十三五”期间辽河保护区朱尔山河流健康等级

| 目标层 | 名称 | 准则层 | 指标层 | 指标层健康等级 | 准则层健康等级 | 健康等级 |
|---|---|---|---|---|---|---|
| A 辽河保护区河流健康评价 | 朱尔山河流活力性评价 | $B_1$ 水文水资源 | $C_{11}$ 生态流量满足程度 | 理想 | 理想 | 理想 |
| | | $B_2$ 物理结构 | $C_{21}$ 河岸带状况 | 健康 | 健康 | |
| | | | $C_{22}$ 河流连通状况 | 健康 | | |
| | 朱尔山河流清洁性评价 | $B_3$ 水质 | $C_{31}$ 溶解氧状况 | 理想 | 理想 | 亚健康 |
| | | | $C_{32}$ 耗氧有机污染物状况 | 理想 | | |
| | | | $C_{33}$ 重金属污染状况 | 理想 | | |
| | | $B_4$ 水生物 | $C_{41}$ 大型底栖动物生物多样性指数 | 不健康 | 亚健康 | |
| | | | $C_{42}$ 鱼类多样性指数 | 亚健康 | | |

## 4.7.5 辽河保护区石佛寺河流健康评价

基于数据收集情况及河流健康评价公式，“十二五”期间辽河保护区石佛寺河流健康评价情况见表 4-53。

表 4-53 “十二五”期间辽河保护区石佛寺河流健康评价赋分

| 目标层 | 名称 | 准则层 | 指标层 | 指标层权重 | 指标层赋分 | 准则层赋分 | 准则层权重 | 石佛寺河流健康评价赋分 |
|---|---|---|---|---|---|---|---|---|
| A 辽河保护区石佛寺河流健康评价 | 石佛寺河流活力性评价 | $B_1$ 水文水资源 | $C_{11}$ 生态流量满足程度 | 1 | 60 | 60 | 0.5 | 65.95 |
| | | $B_2$ 物理结构 | $C_{21}$ 河岸带状况 | 0.6 | 69.82 | 71.89 | 0.5 | |
| | | | $C_{22}$ 河流连通状况 | 0.4 | 75 | | | |
| | 石佛寺河流清洁性评价 | $B_3$ 水质 | $C_{31}$ 溶解氧状况 | — | 100 | 85.32 | 0.4 | 58.87 |
| | | | $C_{32}$ 耗氧有机污染物状况 | — | 87.69 | | | |
| | | | $C_{33}$ 重金属污染状况 | — | 85.32 | | | |
| | | $B_4$ 水生物 | $C_{41}$ 大型底栖动物多样性指数 | 0.4 | 30.22 | 41.25 | 0.6 | |
| | | | $C_{42}$ 鱼类多样性指数 | 0.6 | 48.6 | | | |

注：水质准则层各指标无权重，采用最小分值法，即选择指标赋分最小值。

“十二五”期间辽河保护区石佛寺河流健康等级见表 4-54。

表 4-54 “十二五”期间辽河保护区石佛寺河流健康等级

| | 名称 | 准则层 | 指标层 | 指标层健康等级 | 准则层健康等级 | 健康等级 |
|---|---|---|---|---|---|---|
| A 辽河保护区河流健康评价 | 石佛寺河流活力性评价 | $B_1$ 水文水资源 | $C_{11}$ 生态流量满足程度 | 亚健康 | 亚健康 | 健康 |
| | | $B_2$ 物理结构 | $C_{21}$ 河岸带状况 | 健康 | 健康 | |
| | | | $C_{22}$ 河流连通状况 | 健康 | | |
| | 石佛寺河流清洁性评价 | $B_3$ 水质 | $C_{31}$ 溶解氧状况 | 理想 | 理想 | 亚健康 |
| | | | $C_{32}$ 耗氧有机污染物状况 | 理想 | | |
| | | | $C_{33}$ 重金属污染状况 | 理想 | | |
| | | $B_4$ 水生物 | $C_{41}$ 大型底栖动物生物多样性指数 | 不健康 | 亚健康 | |
| | | | $C_{42}$ 鱼类多样性指数 | 亚健康 | | |

“十三五”期间辽河保护区石佛寺河流健康赋分见表 4-55。

表 4-55 “十三五”期间辽河保护区石佛寺河流健康赋分

| 目标层 | 名称 | 准则层 | 指标层 | 指标层权重 | 指标层赋分 | 准则层赋分 | 准则层权重 | 石佛寺河流健康评价赋分 |
|---|---|---|---|---|---|---|---|---|
| A 辽河保护区石佛寺河流健康评价 | 石佛寺河流活力性评价 | $B_1$ 水文水资源 | $C_{11}$ 生态流量满足程度 | 1 | 100 | 100 | 0.5 | 87.77 |
| | | $B_2$ 物理结构 | $C_{21}$ 河岸带状况 | 0.6 | 75.90 | 75.54 | 0.5 | |
| | | | $C_{22}$ 河流连通状况 | 0.4 | 75 | | | |
| | 石佛寺河流清洁性评价 | $B_3$ 水质 | $C_{31}$ 溶解氧状况 | — | 100 | 84.71 | 0.4 | 61.83 |
| | | | $C_{32}$ 耗氧有机污染物状况 | — | 84.71 | | | |
| | | | $C_{33}$ 重金属污染状况 | — | 100 | | | |
| | | $B_4$ 水生物 | $C_{41}$ 大型底栖动物多样性指数 | 0.4 | 35.86 | 46.58 | 0.6 | |
| | | | $C_{42}$ 鱼类多样性指数 | 0.6 | 53.73 | | | |

注：水质准则层各指标无权重，采用最小分值法，即选择指标赋分最小值。

“十三五”期间辽河保护区石佛寺河流健康等级见表 4-56。

**表 4-56 “十三五”期间辽河保护区石佛寺河流健康等级**

<table>
<tr><th>目标层</th><th>名称</th><th>准则层</th><th>指标层</th><th>指标层健康等级</th><th>准则层健康等级</th><th>健康等级</th></tr>
<tr><td rowspan="8">A 辽河保护区河流健康评价</td><td rowspan="3">石佛寺河流活力性评价</td><td>$B_1$ 水文水资源</td><td>$C_{11}$ 生态流量满足程度</td><td>理想</td><td>理想</td><td rowspan="3">理想</td></tr>
<tr><td rowspan="2">$B_2$ 物理结构</td><td>$C_{21}$ 河岸带状况</td><td>健康</td><td rowspan="2">健康</td></tr>
<tr><td>$C_{22}$ 河流连通状况</td><td>健康</td></tr>
<tr><td rowspan="5">石佛寺河流清洁性评价</td><td rowspan="3">$B_3$ 水质</td><td>$C_{31}$ 溶解氧状况</td><td>理想</td><td rowspan="3">理想</td><td rowspan="5">健康</td></tr>
<tr><td>$C_{32}$ 耗氧有机污染物状况</td><td>理想</td></tr>
<tr><td>$C_{33}$ 重金属污染状况</td><td>理想</td></tr>
<tr><td rowspan="2">$B_4$ 水生物</td><td>$C_{41}$ 大型底栖动物生物多样性指数</td><td>不健康</td><td rowspan="2">亚健康</td></tr>
<tr><td>$C_{42}$ 鱼类多样性指数</td><td>亚健康</td></tr>
</table>

## 4.7.6 辽河保护区马虎山河流健康赋分

基于数据收集情况及河流健康评价公式，“十二五”期间辽河保护区马虎山河流健康赋分见表 4-57。

**表 4-57 “十二五”期间辽河保护区马虎山河流健康赋分**

<table>
<tr><th>目标层</th><th>名称</th><th>准则层</th><th>指标层</th><th>指标层权重</th><th>指标层赋分</th><th>准则层赋分</th><th>准则层权重</th><th>马虎山河流健康评价赋分</th></tr>
<tr><td rowspan="8">A 辽河保护区马虎山河流健康评价</td><td rowspan="3">马虎山河流活力性评价</td><td>$B_1$ 水文水资源</td><td>$C_{11}$ 生态流量满足程度</td><td>1</td><td>49</td><td>49</td><td>0.5</td><td rowspan="3">55.95</td></tr>
<tr><td rowspan="2">$B_2$ 物理结构</td><td>$C_{21}$ 河岸带状况</td><td>0.6</td><td>54.82</td><td rowspan="2">62.89</td><td rowspan="2">0.5</td></tr>
<tr><td>$C_{22}$ 河流连通状况</td><td>0.4</td><td>75</td></tr>
<tr><td rowspan="5">马虎山河流清洁性评价</td><td rowspan="3">$B_3$ 水质</td><td>$C_{31}$ 溶解氧状况</td><td>—</td><td>100</td><td rowspan="3">64.23</td><td rowspan="3">0.4</td><td rowspan="5">56.32</td></tr>
<tr><td>$C_{32}$ 耗氧有机污染物状况</td><td>—</td><td>64.23</td></tr>
<tr><td>$C_{33}$ 重金属污染状况</td><td>—</td><td>84.48</td></tr>
<tr><td rowspan="2">$B_4$ 水生物</td><td>$C_{41}$ 大型底栖动物多样性指数</td><td>0.4</td><td>41.25</td><td rowspan="2">51.05</td><td rowspan="2">0.6</td></tr>
<tr><td>$C_{42}$ 鱼类多样性指数</td><td>0.6</td><td>57.58</td></tr>
</table>

注：水质准则层各指标无权重，采用最小分值法，即选择指标赋分最小值。

"十二五"期间辽河保护区马虎山河流健康等级见表 4-58。

表 4-58　"十二五"期间辽河保护区马虎山河流健康等级

| 目标层 | 名称 | 准则层 | 指标层 | 指标层健康等级 | 准则层健康等级 | 健康等级 |
|---|---|---|---|---|---|---|
| A 辽河保护区河流健康评价 | 马虎山河流活力性评价 | $B_1$ 水文水资源 | $C_{11}$ 生态流量满足程度 | 亚健康 | 亚健康 | 亚健康 |
| | | $B_2$ 物理结构 | $C_{21}$ 河岸带状况 | 亚健康 | 健康 | |
| | | | $C_{22}$ 河流连通状况 | 健康 | | |
| | 马虎山河流清洁性评价 | $B_3$ 水质 | $C_{31}$ 溶解氧状况 | 理想 | 健康 | 亚健康 |
| | | | $C_{32}$ 耗氧有机污染物状况 | 健康 | | |
| | | | $C_{33}$ 重金属污染状况 | 理想 | | |
| | | $B_4$ 水生物 | $C_{41}$ 大型底栖动物生物多样性指数 | 亚健康 | 亚健康 | |
| | | | $C_{42}$ 鱼类多样性指数 | 亚健康 | | |

"十三五"期间辽河保护区马虎山河流健康评价赋分见表 4-59。

表 4-59　"十三五"期间辽河保护区马虎山河流健康评价赋分

| 目标层 | 名称 | 准则层 | 指标层 | 指标层权重 | 指标层赋分 | 准则层赋分 | 准则层权重 | 马虎山河流健康评价赋分 |
|---|---|---|---|---|---|---|---|---|
| A 辽河保护区马虎山河流健康评价 | 马虎山河流活力性评价 | $B_1$ 水文水资源 | $C_{11}$ 生态流量满足程度 | 1 | 10 | 10 | 0.5 | 32.62 |
| | | $B_2$ 物理结构 | $C_{21}$ 河岸带状况 | 0.6 | 75.40 | 55.24 | 0.5 | |
| | | | $C_{22}$ 河流连通状况 | 0.4 | 25 | | | |
| | 马虎山河流清洁性评价 | $B_3$ 水质 | $C_{31}$ 溶解氧状况 | — | 100 | 79.57 | 0.4 | 57.06 |
| | | | $C_{32}$ 耗氧有机污染物状况 | — | 79.57 | | | |
| | | | $C_{33}$ 重金属污染状况 | — | 100 | | | |
| | | $B_4$ 水生物 | $C_{41}$ 大型底栖动物多样性指数 | 0.4 | 24.55 | 42.06 | 0.6 | |
| | | | $C_{42}$ 鱼类多样性指数 | 0.6 | 53.73 | | | |

注：水质准则层各指标无权重，采用最小分值法，即选择指标赋分最小值。

"十三五"期间辽河保护区马虎山河流健康等级见表 4-60。

表 4-60 "十三五"期间辽河保护区马虎山河流健康等级

| 目标层 | 名称 | 准则层 | 指标层 | 指标层健康等级 | 准则层健康等级 | 健康等级 |
|---|---|---|---|---|---|---|
| A 辽河保护区河流健康评价 | 马虎山河流活力性评价 | $B_1$ 水文水资源 | $C_{11}$ 生态流量满足程度 | 病态 | 病态 | 不健康 |
| | | $B_2$ 物理结构 | $C_{21}$ 河岸带状况 | 健康 | 亚健康 | |
| | | | $C_{22}$ 河流连通状况 | 不健康 | | |
| | 马虎山河流清洁性评价 | $B_3$ 水质 | $C_{31}$ 溶解氧状况 | 理想 | 健康 | 亚健康 |
| | | | $C_{32}$ 耗氧有机污染物状况 | 健康 | | |
| | | | $C_{33}$ 重金属污染状况 | 理想 | | |
| | | $B_4$ 水生物 | $C_{41}$ 大型底栖动物生物多样性指数 | 不健康 | 亚健康 | |
| | | | $C_{42}$ 鱼类多样性指数 | 亚健康 | | |

## 4.7.7 辽河保护区红庙子段河流健康评价

基于数据收集情况及河流健康评价公式，"十二五"期间辽河保护区红庙子河流健康评价情况见表 4-61。

表 4-61 "十二五"期间辽河保护区红庙子河流健康评价赋分

| 目标层 | 名称 | 准则层 | 指标层 | 指标层权重 | 指标层赋分 | 准则层赋分 | 准则层权重 | 红庙子河流健康评价赋分 |
|---|---|---|---|---|---|---|---|---|
| A 辽河保护区红庙子河流健康评价 | 红庙子河流活力性评价 | $B_1$ 水文水资源 | $C_{11}$ 生态流量满足程度 | 1 | 47 | 47 | 0.5 | 47.9 |
| | | $B_2$ 物理结构 | $C_{21}$ 河岸带状况 | 0.6 | 48 | 48.8 | 0.5 | |
| | | | $C_{22}$ 河流连通状况 | 0.4 | 50 | | | |
| | 红庙子河流清洁性评价 | $B_3$ 水质 | $C_{31}$ 溶解氧状况 | — | 81.98 | 63.49 | 0.4 | 50.44 |
| | | | $C_{32}$ 耗氧有机污染物状况 | — | 63.49 | | | |
| | | | $C_{33}$ 重金属污染状况 | — | 84.47 | | | |
| | | $B_4$ 水生物 | $C_{41}$ 大型底栖动物多样性指数 | 0.4 | 30.22 | 41.74 | 0.6 | |
| | | | $C_{42}$ 鱼类多样性指数 | 0.6 | 49.42 | | | |

注：水质准则层各指标无权重，采用最小分值法，即选择指标赋分最小值。

“十二五”期间辽河保护区红庙子河流健康等级见表 4-62。

表 4-62　“十二五”期间辽河保护区红庙子河流健康等级

| 目标层 | 名称 | 准则层 | 指标层 | 指标层健康等级 | 准则层健康等级 | 健康等级 |
|---|---|---|---|---|---|---|
| A 辽河保护区河流健康评价 | 红庙子河流活力性评价 | $B_1$ 水文水资源 | $C_{11}$ 生态流量满足程度 | 亚健康 | 亚健康 | 亚健康 |
| | | $B_2$ 物理结构 | $C_{21}$ 河岸带状况 | 亚健康 | 亚健康 | |
| | | | $C_{22}$ 河流连通状况 | 亚健康 | | |
| | 红庙子河流清洁性评价 | $B_3$ 水质 | $C_{31}$ 溶解氧状况 | 理想 | 健康 | 亚健康 |
| | | | $C_{32}$ 耗氧有机污染物状况 | 健康 | | |
| | | | $C_{33}$ 重金属污染状况 | 理想 | | |
| | | $B_4$ 水生物 | $C_{41}$ 大型底栖动物生物多样性指数 | 不健康 | 亚健康 | |
| | | | $C_{42}$ 鱼类多样性指数 | 亚健康 | | |

“十三五”期间辽河保护区红庙子河流健康评价赋分见表 4-63。

表 4-63　“十三五”期间辽河保护区红庙子河流健康评价赋分

| 目标层 | 名称 | 准则层 | 指标层 | 指标层权重 | 指标层赋分 | 准则层赋分 | 准则层权重 | 红庙子河流健康评价赋分 |
|---|---|---|---|---|---|---|---|---|
| A 辽河保护区红庙子河流健康评价 | 红庙子河流活力性评价 | $B_1$ 水文水资源 | $C_{11}$ 生态流量满足程度 | 1 | 100 | 100 | 0.5 | 83.37 |
| | | $B_2$ 物理结构 | $C_{21}$ 河岸带状况 | 0.6 | 77.9 | 66.74 | 0.5 | |
| | | | $C_{22}$ 河流连通状况 | 0.4 | 50 | | | |
| | 红庙子河流清洁性评价 | $B_3$ 水质 | $C_{31}$ 溶解氧状况 | — | 100 | 74.25 | 0.4 | 54.45 |
| | | | $C_{32}$ 耗氧有机污染物状况 | — | 74.25 | | | |
| | | | $C_{33}$ 重金属污染状况 | — | 100 | | | |
| | | $B_4$ 水生物 | $C_{41}$ 大型底栖动物多样性指数 | 0.4 | 22.52 | 41.25 | 0.6 | |
| | | | $C_{42}$ 鱼类多样性指数 | 0.6 | 53.73 | | | |

注：水质准则层各指标无权重，采用最小分值法，即选择指标赋分最小值。

“十三五”期间辽河保护区红庙子河流健康等级见表 4-64。

**表 4-64 “十三五”期间辽河保护区红庙子河流健康等级**

| 目标层 | 名称 | 准则层 | 指标层 | 指标层健康等级 | 准则层健康等级 | 健康等级 |
|---|---|---|---|---|---|---|
| A 辽河保护区河流健康评价 | 红庙子河流活力性评价 | $B_1$ 水文水资源 | $C_{11}$ 生态流量满足程度 | 理想 | 理想 | 理想 |
| | | $B_2$ 物理结构 | $C_{21}$ 河岸带状况 | 健康 | 健康 | |
| | | | $C_{22}$ 河流连通状况 | 亚健康 | | |
| | 红庙子河流清洁性评价 | $B_3$ 水质 | $C_{31}$ 溶解氧状况 | 理想 | 健康 | 亚健康 |
| | | | $C_{32}$ 耗氧有机污染物状况 | 健康 | | |
| | | | $C_{33}$ 重金属污染状况 | 理想 | | |
| | | $B_4$ 水生物 | $C_{41}$ 大型底栖动物生物多样性指数 | 不健康 | 亚健康 | |
| | | | $C_{42}$ 鱼类多样性指数 | 亚健康 | | |

## 4.7.8 辽河保护区大张桥河流健康评价

基于数据收集情况及河流健康评价公式，“十二五”期间辽河保护区大张桥流健康评价情况见表 4-65。

**表 4-65 “十二五”期间辽河保护区大张桥河流健康评价赋分**

| 目标层 | 名称 | 准则层 | 指标层 | 指标层权重 | 指标层赋分 | 准则层赋分 | 准则层权重 | 大张河流健康评价赋分 |
|---|---|---|---|---|---|---|---|---|
| A 辽河保护区大张桥河流健康评价 | 大张桥河流活力性评价 | $B_1$ 水文水资源 | $C_{11}$ 生态流量满足程度 | 1 | 60 | 60 | 0.5 | 59.13 |
| | | $B_2$ 物理结构 | $C_{21}$ 河岸带状况 | 0.6 | 47.09 | 58.25 | 0.5 | |
| | | | $C_{22}$ 河流连通状况 | 0.4 | 75 | | | |
| | 大张桥河流清洁性评价 | $B_3$ 水质 | $C_{31}$ 溶解氧状况 | — | 100 | 56.53 | 0.4 | 57.28 |
| | | | $C_{32}$ 耗氧有机污染物状况 | — | 56.53 | | | |
| | | | $C_{33}$ 重金属污染状况 | — | 84.74 | | | |
| | | $B_4$ 水生物 | $C_{41}$ 大型底栖动物多样性指数 | 0.4 | 60.72 | 57.78 | 0.6 | |
| | | | $C_{42}$ 鱼类多样性指数 | 0.6 | 55.83 | | | |

注：水质准则层各指标无权重，采用最小分值法，即选择指标赋分最小值。

“十二五”期间辽河保护区大张桥河流健康等级见表 4-66。

表 4-66　“十二五”期间辽河保护区大张桥河流健康等级

| 目标层 | 名称 | 准则层 | 指标层 | 指标层健康等级 | 准则层健康等级 | 健康等级 |
|---|---|---|---|---|---|---|
| A 辽河保护区河流健康评价 | 大张桥河流活力性评价 | $B_1$ 水文水资源 | $C_{11}$ 生态流量满足程度 | 亚健康 | 亚健康 | 亚健康 |
| | | $B_2$ 物理结构 | $C_{21}$ 河岸带状况 | 亚健康 | 亚健康 | |
| | | | $C_{22}$ 河流连通状况 | 健康 | | |
| | 大张桥河流清洁性评价 | $B_3$ 水质 | $C_{31}$ 溶解氧状况 | 理想 | 亚健康 | 亚健康 |
| | | | $C_{32}$ 耗氧有机污染物状况 | 亚健康 | | |
| | | | $C_{33}$ 重金属污染状况 | 理想 | | |
| | | $B_4$ 水生物 | $C_{41}$ 大型底栖动物生物多样性指数 | 健康 | 亚健康 | |
| | | | $C_{42}$ 鱼类多样性指数 | 亚健康 | | |

“十三五”期间辽河保护区大张桥河流健康赋分见表 4-67。

表 4-67　“十三五”期间辽河保护区大张桥河流健康赋分

| 目标层 | 名称 | 准则层 | 指标层 | 指标层权重 | 指标层赋分 | 准则层赋分 | 准则层权重 | 大张河流健康评价赋分 |
|---|---|---|---|---|---|---|---|---|
| A 辽河保护区大张桥河流健康评价 | 大张桥河流活力性评价 | $B_1$ 水文水资源 | $C_{11}$ 生态流量满足程度 | 1 | 49 | 49 | 0.5 | 61.28 |
| | | $B_2$ 物理结构 | $C_{21}$ 河岸带状况 | 0.6 | 72.6 | 73.56 | 0.5 | |
| | | | $C_{22}$ 河流连通状况 | 0.4 | 75 | | | |
| | 大张桥河流清洁性评价 | $B_3$ 水质 | $C_{31}$ 溶解氧状况 | — | 100 | 83.64 | 0.4 | 62.28 |
| | | | $C_{32}$ 耗氧有机污染物状况 | — | 83.64 | | | |
| | | | $C_{33}$ 重金属污染状况 | — | 100 | | | |
| | | $B_4$ 水生物 | $C_{41}$ 大型底栖动物多样性指数 | 0.4 | 37 | 48.44 | 0.6 | |
| | | | $C_{42}$ 鱼类多样性指数 | 0.6 | 56.07 | | | |

注：水质准则层各指标无权重，采用最小分值法，即选择指标赋分最小值。

“十三五”期间辽河保护区大张桥河流健康等级见表 4-68。

**表 4-68 “十三五”期间辽河保护区大张桥河流健康等级**

| 目标层 | 名称 | 准则层 | 指标层 | 指标层健康等级 | 准则层健康等级 | 健康等级 |
|---|---|---|---|---|---|---|
| A 辽河保护区河流健康评价 | 大张桥河流活力性评价 | $B_1$ 水文水资源 | $C_{11}$ 生态流量满足程度 | 亚健康 | 亚健康 | 健康 |
| | | $B_2$ 物理结构 | $C_{21}$ 河岸带状况 | 健康 | 亚健康 | |
| | | | $C_{22}$ 河流连通状况 | 健康 | | |
| | 大张桥河流清洁性评价 | $B_3$ 水质 | $C_{31}$ 溶解氧状况 | 理想 | 亚健康 | 健康 |
| | | | $C_{32}$ 耗氧有机污染物状况 | 理想 | | |
| | | | $C_{33}$ 重金属污染状况 | 理想 | | |
| | | $B_4$ 水生物 | $C_{41}$ 大型底栖动物生物多样性指数 | 不健康 | 亚健康 | |
| | | | $C_{42}$ 鱼类多样性指数 | 亚健康 | | |

## 4.7.9 辽河保护区盘锦兴安河流健康评价

基于数据收集情况及河流健康评价公式，“十二五”期间辽河保护区盘锦兴安河流健康评价情况见 4-69。

**表 4-69 “十二五”期间辽河保护区盘锦兴安河流健康评价赋分**

| 目标层 | 名称 | 准则层 | 指标层 | 指标层权重 | 指标层赋分 | 准则层赋分 | 准则层权重 | 盘锦兴安河流健康评价赋分 |
|---|---|---|---|---|---|---|---|---|
| A 辽河保护区盘锦兴安河流健康评价 | 盘锦兴安河流活力性评价 | $B_1$ 水文水资源 | $C_{11}$ 生态流量满足程度 | 1 | 60 | 60 | 0.5 | 63.05 |
| | | $B_2$ 物理结构 | $C_{21}$ 河岸带状况 | 0.6 | 60.16 | 66.1 | 0.5 | |
| | | | $C_{22}$ 河流连通状况 | 0.4 | 75 | | | |
| | 盘锦兴安河流清洁性评价 | $B_3$ 水质 | $C_{31}$ 溶解氧状况 | — | 93.21 | 65.49 | 0.4 | 47.79 |
| | | | $C_{32}$ 耗氧有机污染物状况 | — | 65.49 | | | |
| | | | $C_{33}$ 重金属污染状况 | — | 84.79 | | | |
| | | $B_4$ 水生物 | $C_{41}$ 大型底栖动物多样性指数 | 0.4 | 0 | 35.99 | 0.6 | |
| | | | $C_{42}$ 鱼类多样性指数 | 0.6 | 59.98 | | | |

注：水质准则层各指标无权重，采用最小分值法，即选择指标赋分最小值。

“十二五”期间辽河保护区盘锦兴安河流健康等级见表 4-70。

表 4-70　“十二五”期间辽河保护区盘锦兴安河流健康等级

<table>
<tr><th>目标层</th><th>名称</th><th>准则层</th><th>指标层</th><th>指标层健康等级</th><th>准则层健康等级</th><th>健康等级</th></tr>
<tr><td rowspan="8">A 辽河保护区河流健康评价</td><td rowspan="3">盘锦兴安河流活力性评价</td><td>$B_1$ 水文水资源</td><td>$C_{11}$ 生态流量满足程度</td><td>亚健康</td><td>亚健康</td><td rowspan="3">健康</td></tr>
<tr><td rowspan="2">$B_2$ 物理结构</td><td>$C_{21}$ 河岸带状况</td><td>健康</td><td rowspan="2">健康</td></tr>
<tr><td>$C_{22}$ 河流连通状况</td><td>健康</td></tr>
<tr><td rowspan="5">盘锦兴安河流清洁性评价</td><td rowspan="3">$B_3$ 水质</td><td>$C_{31}$ 溶解氧状况</td><td>理想</td><td rowspan="3">健康</td><td rowspan="5">亚健康</td></tr>
<tr><td>$C_{32}$ 耗氧有机污染物状况</td><td>健康</td></tr>
<tr><td>$C_{33}$ 重金属污染状况</td><td>理想</td></tr>
<tr><td rowspan="2">$B_4$ 水生物</td><td>$C_{41}$ 大型底栖动物生物多样性指数</td><td>病态</td><td rowspan="2">不健康</td></tr>
<tr><td>$C_{42}$ 鱼类多样性指数</td><td>亚健康</td></tr>
</table>

“十三五”期间辽河保护区盘锦兴安河流健康评价赋分见表 4-71。

表 4-71　“十三五”期间辽河保护区盘锦兴安河流健康评价赋分

<table>
<tr><th>目标层</th><th>名称</th><th>准则层</th><th>指标层</th><th>指标层权重</th><th>指标层赋分</th><th>准则层赋分</th><th>准则层权重</th><th>盘锦兴安河流健康评价赋分</th></tr>
<tr><td rowspan="8">A 辽河保护区盘锦兴安河流健康评价</td><td rowspan="3">盘锦兴安河流活力性评价</td><td>$B_1$ 水文水资源</td><td>$C_{11}$ 生态流量满足程度</td><td>1</td><td>49</td><td>49</td><td>0.5</td><td rowspan="3">62.64</td></tr>
<tr><td rowspan="2">$B_2$ 物理结构</td><td>$C_{21}$ 河岸带状况</td><td>0.6</td><td>77.13</td><td rowspan="2">76.28</td><td rowspan="2">0.5</td></tr>
<tr><td>$C_{22}$ 河流连通状况</td><td>0.4</td><td>75</td></tr>
<tr><td rowspan="5">盘锦兴安河流清洁性评价</td><td rowspan="3">$B_3$ 水质</td><td>$C_{31}$ 溶解氧状况</td><td>—</td><td>100</td><td rowspan="3">82.54</td><td rowspan="3">0.4</td><td rowspan="5">58.76</td></tr>
<tr><td>$C_{32}$ 耗氧有机污染物状况</td><td>—</td><td>82.54</td></tr>
<tr><td>$C_{33}$ 重金属污染状况</td><td>—</td><td>100</td></tr>
<tr><td rowspan="2">$B_4$ 水生物</td><td>$C_{41}$ 大型底栖动物多样性指数</td><td>0.4</td><td>23.5</td><td rowspan="2">42.90</td><td rowspan="2">0.6</td></tr>
<tr><td>$C_{42}$ 鱼类多样性指数</td><td>0.6</td><td>55.83</td></tr>
</table>

注：水质准则层各指标无权重，采用最小分值法，即选择指标赋分最小值。

“十三五”期间辽河保护区盘锦兴安河流健康等级见表 4-72。

表 4-72 “十三五”期间辽河保护区盘锦兴安河流健康等级

| 目标层 | 名称 | 准则层 | 指标层 | 指标层健康等级 | 准则层健康等级 | 健康等级 |
|---|---|---|---|---|---|---|
| 辽河保护区河流健康评价 | 盘锦兴安河流活力性评价 | $B_1$ 水文水资源 | $C_{11}$ 生态流量满足程度 | 亚健康 | 亚健康 | 健康 |
| | | $B_2$ 物理结构 | $C_{21}$ 河岸带状况 | 健康 | 健康 | |
| | | | $C_{22}$ 河流连通状况 | 健康 | | |
| | 盘锦兴安河流清洁性评价 | $B_3$ 水质 | $C_{31}$ 溶解氧状况 | 理想 | 理想 | 亚健康 |
| | | | $C_{32}$ 耗氧有机污染物状况 | 理想 | | |
| | | | $C_{33}$ 重金属污染状况 | 理想 | | |
| | | $B_4$ 水生物 | $C_{41}$ 大型底栖动物生物多样性指数 | 病态 | 亚健康 | |
| | | | $C_{42}$ 鱼类多样性指数 | 亚健康 | | |

## 4.7.10 辽河保护区曙光大桥河流健康评价

基于数据收集情况及河流健康评价公式，“十二五”期间辽河保护区曙光大桥河流健康评价情况见表 4-73。

表 4-73 “十二五”期间辽河保护区曙光大桥河流健康评价赋分

| 目标层 | 名称 | 准则层 | 指标层 | 指标层权重 | 指标层赋分 | 准则层赋分 | 准则层权重 | 曙光大桥河流健康评价赋分 |
|---|---|---|---|---|---|---|---|---|
| A 辽河保护区曙光大桥河流健康评价 | 曙光大桥河流活力性评价 | $B_1$ 水文水资源 | $C_{11}$ 生态流量满足程度 | 1 | 60 | 60 | 0.5 | 62.6 |
| | | $B_2$ 物理结构 | $C_{21}$ 河岸带状况 | 0.6 | 66.98 | 65.19 | 0.5 | |
| | | | $C_{22}$ 河流连通状况 | 0.4 | 50 | | | |
| | 曙光大桥段河流清洁性评价 | $B_3$ 水质 | $C_{31}$ 溶解氧状况 | — | 93.07 | 69.34 | 0.4 | 53.7 |
| | | | $C_{32}$ 耗氧有机污染物状况 | — | 69.34 | | | |
| | | | $C_{33}$ 重金属污染状况 | — | 84.44 | | | |
| | | $B_4$ 水生物 | $C_{41}$ 大型底栖动物多样性指数 | 0.4 | 34.05 | 43.27 | 0.6 | |
| | | | $C_{42}$ 鱼类多样性指数 | 0.6 | 49.42 | | | |

注：水质准则层各指标无权重，采用最小分值法，即选择指标赋分最小值。

“十二五”期间辽河保护区曙光大桥河流健康等级见表 4-74。

**表 4-74　“十二五”期间辽河保护区曙光大桥河流健康等级**

| 目标层 | 名称 | 准则层 | 指标层 | 指标层健康等级 | 准则层健康等级 | 健康等级 |
|---|---|---|---|---|---|---|
| A 辽河保护区河流健康评价 | 曙光大桥河流活力性评价 | $B_1$ 水文水资源 | $C_{11}$ 生态流量满足程度 | 亚健康 | 亚健康 | 健康 |
| | | $B_2$ 物理结构 | $C_{21}$ 河岸带状况 | 健康 | 健康 | |
| | | | $C_{22}$ 河流连通状况 | 亚健康 | | |
| | 曙光大桥河流清洁性评价 | $B_3$ 水质 | $C_{31}$ 溶解氧状况 | 理想 | 健康 | 亚健康 |
| | | | $C_{32}$ 耗氧有机污染物状况 | 健康 | | |
| | | | $C_{33}$ 重金属污染状况 | 理想 | | |
| | | $B_4$ 水生物 | $C_{41}$ 大型底栖动物生物多样性指数 | 不健康 | 亚健康 | |
| | | | $C_{42}$ 鱼类多样性指数 | 亚健康 | | |

“十三五”期间辽河保护区曙光大桥河流健康评价赋分见表 4-75。

**表 4-75　“十三五”期间辽河保护区曙光大桥河流健康评价赋分**

| 目标层 | 名称 | 准则层 | 指标层 | 指标层权重 | 指标层赋分 | 准则层赋分 | 准则层权重 | 曙光大桥河流健康评价赋分 |
|---|---|---|---|---|---|---|---|---|
| A 辽河保护区曙光大桥河流健康评价 | 曙光大桥河流活力性评价 | $B_1$ 水文水资源 | $C_{11}$ 生态流量满足程度 | 1 | 49 | 49 | 0.5 | 57.64 |
| | | $B_2$ 物理结构 | $C_{21}$ 河岸带状况 | 0.6 | 77.11 | 66.27 | 0.5 | |
| | | | $C_{22}$ 河流连通状况 | 0.4 | 50 | | | |
| | 曙光大桥河流清洁性评价 | $B_3$ 水质 | $C_{31}$ 溶解氧状况 | — | 100 | 76.78 | 0.4 | 56.17 |
| | | | $C_{32}$ 耗氧有机污染物状况 | — | 76.78 | | | |
| | | | $C_{33}$ 重金属污染状况 | — | 100 | | | |
| | | $B_4$ 水生物 | $C_{41}$ 大型底栖动物多样性指数 | 0.4 | 11.48 | 42.43 | 0.6 | |
| | | | $C_{42}$ 鱼类多样性指数 | 0.6 | 63.07 | | | |

注：水质准则层各指标无权重，采用最小分值法，即选择指标赋分最小值。

“十三五”期间辽河保护区曙光大桥河流健康等级见表 4-76。

**表 4-76 “十三五”期间辽河保护区曙光大桥河流健康等级**

| 目标层 | 名称 | 准则层 | 指标层 | 指标层健康等级 | 准则层健康等级 | 健康等级 |
|---|---|---|---|---|---|---|
| A 辽河保护区河流健康评价 | 曙光大桥河流活力性评价 | $B_1$ 水文水资源 | $C_{11}$ 生态流量满足程度 | 亚健康 | 亚健康 | 亚健康 |
| | | $B_2$ 物理结构 | $C_{21}$ 河岸带状况 | 健康 | 健康 | |
| | | | $C_{22}$ 河流连通状况 | 亚健康 | | |
| | 曙光大桥河流清洁性评价 | $B_3$ 水质 | $C_{31}$ 溶解氧状况 | 理想 | 健康 | 亚健康 |
| | | | $C_{32}$ 耗氧有机污染物状况 | 健康 | | |
| | | | $C_{33}$ 重金属污染状况 | 理想 | | |
| | | $B_4$ 水生物 | $C_{41}$ 大型底栖动物生物多样性指数 | 病态 | 亚健康 | |
| | | | $C_{42}$ 鱼类多样性指数 | 健康 | | |

## 4.7.11 辽河保护区赵圈河河流健康评价

基于数据收集情况及河流健康评价公式，“十二五”期间辽河保护区赵圈河河流健康评价情况见表 4-77。

**表 4-77 “十二五”期间辽河保护区赵圈河河流健康评价赋分**

| 目标层 | 名称 | 准则层 | 指标层 | 指标层权重 | 指标层赋分 | 准则层赋分 | 准则层权重 | 赵圈河河流健康评价赋分 |
|---|---|---|---|---|---|---|---|---|
| A 辽河保护区赵圈河河流健康评价 | 赵圈河河流活力性评价 | $B_1$ 水文水资源 | $C_{11}$ 生态流量满足程度 | 1 | 55 | 55 | 0.5 | 66.1 |
| | | $B_2$ 物理结构 | $C_{21}$ 河岸带状况 | 0.6 | 61.98 | 77.19 | 0.5 | |
| | | | $C_{22}$ 河流连通状况 | 0.4 | 100 | | | |
| | 赵圈河河流清洁性评价 | $B_3$ 水质 | $C_{31}$ 溶解氧状况 | — | 100 | 81.53 | 0.4 | 59.34 |
| | | | $C_{32}$ 耗氧有机污染物状况 | — | 81.53 | | | |
| | | | $C_{33}$ 重金属污染状况 | — | 84.71 | | | |
| | | $B_4$ 水生物 | $C_{41}$ 大型底栖动物多样性指数 | 0.4 | 32.89 | 44.55 | 0.6 | |
| | | | $C_{42}$ 鱼类多样性指数 | 0.6 | 52.33 | | | |

注：水质准则层各指标无权重，采用最小分值法，即选择指标赋分最小值。

“十二五”期间辽河保护区赵圈河河流健康等级见表 4-78。

表 4-78 “十二五”期间辽河保护区赵圈河河流健康评价等级

| 目标层 | 名称 | 准则层 | 指标层 | 指标层健康等级 | 准则层健康等级 | 健康等级 |
|---|---|---|---|---|---|---|
| A 辽河保护区河流健康评价 | 赵圈河河流活力性评价 | $B_1$ 水文水资源 | $C_{11}$ 生态流量满足程度 | 亚健康 | 亚健康 | 健康 |
| | | $B_2$ 物理结构 | $C_{21}$ 河岸带状况 | 健康 | 健康 | |
| | | | $C_{22}$ 河流连通状况 | 理想 | | |
| | 赵圈河河流清洁性评价 | $B_3$ 水质 | $C_{31}$ 溶解氧状况 | 理想 | 理想 | 亚健康 |
| | | | $C_{32}$ 耗氧有机污染物状况 | 理想 | | |
| | | | $C_{33}$ 重金属污染状况 | 理想 | | |
| | | $B_4$ 水生物 | $C_{41}$ 大型底栖动物生物多样性指数 | 不健康 | 亚健康 | |
| | | | $C_{42}$ 鱼类多样性指数 | 亚健康 | | |

“十三五”期间辽河保护区赵圈河河流健康评价赋分见表 4-79。

表 4-79 “十三五”期间辽河保护区赵圈河河流健康评价赋分

| 目标层 | 名称 | 准则层 | 指标层 | 指标层权重 | 指标层赋分 | 准则层赋分 | 准则层权重 | 赵圈河河流健康评价赋分 |
|---|---|---|---|---|---|---|---|---|
| A 辽河保护区赵圈河河流健康评价 | 赵圈河河流活力性评价 | $B_1$ 水文水资源 | $C_{11}$ 生态流量满足程度 | 1 | 49 | 49 | 0.5 | 68.57 |
| | | $B_2$ 物理结构 | $C_{21}$ 河岸带状况 | 0.6 | 80.23 | 88.14 | 0.5 | |
| | | | $C_{22}$ 河流连通状况 | 0.4 | 100 | | | |
| | 赵圈河段河流清洁性评价 | $B_3$ 水质 | $C_{31}$ 溶解氧状况 | — | 100 | 80.5 | 0.4 | 58.73 |
| | | | $C_{32}$ 耗氧有机污染物状况 | — | 80.5 | | | |
| | | | $C_{33}$ 重金属污染状况 | — | 100 | | | |
| | | $B_4$ 水生物 | $C_{41}$ 大型底栖动物多样性指数 | 0.4 | 27.83 | 44.21 | 0.6 | |
| | | | $C_{42}$ 鱼类多样性指数 | 0.6 | 55.13 | | | |

注：水质准则层各指标无权重，采用最小分值法，即选择指标赋分最小值。

“十三五”期间辽河保护区赵圈河河流健康等级见表 4-80。

**表 4-80 “十三五”期间辽河保护区赵圈河河流健康等级**

| 目标层 | 名称 | 准则层 | 指标层 | 指标层健康等级 | 准则层健康等级 | 健康等级 |
|---|---|---|---|---|---|---|
| A 辽河保护区河流健康评价 | 赵圈河河流活力性评价 | $B_1$ 水文水资源 | $C_{11}$ 生态流量满足程度 | 亚健康 | 亚健康 | 健康 |
| | | $B_2$ 物理结构 | $C_{21}$ 河岸带状况 | 理想 | 理想 | |
| | | | $C_{22}$ 河流连通状况 | 理想 | | |
| | 赵圈河河流清洁性评价 | $B_3$ 水质 | $C_{31}$ 溶解氧状况 | 理想 | 理想 | 亚健康 |
| | | | $C_{32}$ 耗氧有机污染物状况 | 理想 | | |
| | | | $C_{33}$ 重金属污染状况 | 理想 | | |
| | | $B_4$ 水生物 | $C_{41}$ 大型底栖动物生物多样性指数 | 不健康 | 亚健康 | |
| | | | $C_{42}$ 鱼类多样性指数 | 亚健康 | | |

## 4.8 辽河保护区河流健康问题分析

辽河保护区“十二五”“十三五”期间处于亚健康水平，总体赋分为 46.80 和 51.50。“十三五”期间辽河保护区水质与“十二五”时期相比，总体上已经得到明显的改善。但其中 $BOD_5$ 指标呈现反弹趋势，辽河保护区生化需氧量来源主要是畜禽养殖引起的面源污染[81]；水生物准则层处于不健康水平，尤其是大型底栖动物生物多样性指数状况不但处于不健康水平，且还有恶化的现象，这与河流中较高的营养盐含量有关，而营养盐的主要来源为农业种植和畜禽养殖[82]；在社会属性准则层中，大多数指标处于较好的状况，但仍有个别指标处于病态状况。

### 4.8.1 水文水资源问题诊断分析

从评价结果看，“十二五”期间水文水资源准则层处于亚健康水平，“十三五”期间水文水资源准则层处于健康水平。通过对比可以看出，两个时期水文水资源准则层指标的分数都比较低，生态流量满足程度赋分为 53.41 和 57.30，可见该指标总体上朝好的方向发展，但仍表明辽河保护区水资源短缺，时空分布不均匀。据历史文献及调查[83-86]，辽河流域内降水的时空分布极不均匀，东部山丘区多年降水量为 800～950 mm，西部降水量仅为 300～350 mm，且降水多集中在 7—8 月，占全年降水量的 50%以上，易以暴雨的形式出现，降水年际变化也很大。辽河干流贯穿沈阳、鞍山、铁岭、盘锦等大中城市，受工业化、城市化和新农村建设发展的影响较大，中下游地区径流补给主要来自降水。据 1954—2004 年的资料统计，辽河径流的丰枯变化较大，辽河干流 3 座水文站历年天然平均最大径流量分别为 56.5 亿 $m^3$、94.7 亿 $m^3$、112.2 亿 $m^3$，历年天然最小径流量分别为 2.62 亿 $m^3$、7.07 亿 $m^3$、8.05 亿 $m^3$，年径流量的年内分配极不均匀，从辽河保护区多年平均径流量年内分配来看，7 月与 8 月径流量之和达到了全年径流量总量的 50%以上。可见水文水资源准则层结果偏低的主要原因是辽河流域降水不均匀及农业和生态用水量较大的结果。

建议采取措施如下：铁岭[87]以农业为主，盘锦[88]以水田为主，所以要控制农田地表径流，实施水控损失方案，减少径流量，减少人类活动对河流的不断干扰，控制辽河流域自然湿地面积的减少，通过人工增加湿地面积，净化水质，涵养水源。

### 4.8.2 物理结构问题诊断分析

从评价结果来看，“十二五”、“十三五”期间物理结构准则层均处于健康水平。对比发现，河岸带状况赋分为 57.46 和 76.16，河流连通状况赋分为 64.53 和 55.26，由此说明“十二五”期间整个辽河保护区河流的河床不稳定，存在冲淤，城市化的进程导致部分河流截弯取直；但也可以看出自 2010 年辽河保护区建立以来，在保护区范围内统一施行的辽河治理和保护工作为恢复辽河生态奠定了基础。物理结构准则层赋分相对理想，可见“十二五”“十三五”期间恢复了大面积的河岸带植被状况，河段内的河岸带状况也处于良好状态。

建议采取措施如下[89-94]：河床不稳定的河段，在河流两岸多建立一些石笼网，提高河床边坡的稳定性，保护河床，防止冲刷。积极开展河道疏浚和堤防建设，河道疏浚加大力度，增加水流的畅通性，同时对堤防进行整修和加高建设。

### 4.8.3 水质问题诊断分析

从评价结果可以看出，“十二五”“十三五”期间水质准则层处于健康状况水平，DO 指标已达到理想水平、耗氧有机污染物状况赋分由 67.13 变为 80.77，重金属污染状况赋分由 84.87 变为 99.87。对比发现，辽河保护区水质净化程度得到了大幅度的提升，辽河保护区河流重金属污染情况已经改善了很多，说明辽河保护区治理污染工作取得了显著成效。但耗氧有机物污染状况中，$BOD_5$ 出现反弹现象，因此在后续管理和治理中仍需重点关注治理辽河保护区河流耗氧有机污染物污染情况及重金属污染情况。

建议具体措施如下[95,96]：严格控制工业污染物排放，对于沈阳和鞍山较多工业的地区，要加大力度控制工业污染排放。增加污染防控手段，加速城镇和流域污水处理厂的建设，全面提升污水处理能力。建设必要的污水和垃圾处理设施，因地制宜抓好农村生活污水和垃圾处理，做到达标排放，严格控制畜禽养殖污染。铁岭地区畜禽养殖众多，要大力推行生态养殖模式，鼓励对畜禽粪便实行综合利用，根据环境的承受能力适时控制养殖规模，设立禁养区、限养区和非限养区。

### 4.8.4 水生物问题诊断分析

从评价结果可以看出，“十二五”“十三五”期间水生物准则层处于不健康状况水平，通过对比发现，大型底栖动物生物多样性指数赋分由 37.23 变为 27.46 呈现反弹现象，鱼类多样性指数赋分由 54.76 变为 55.46，均处于亚健康水平。辽河保护区秋季降雨丰富，流经农田的地表径流携带的营养盐含量更高，营养盐指标能够影响水体中底栖的繁殖与生长，间接影响鱼类的分布，鱼类和底栖变化情况是对辽河水环境质量变化的直接反映，这说明仍需不断治理辽河保护区水环境污染。

建议具体措施如下[97-100]：控制农村面源污染，限制化肥和农药的使用量，推广使用有机肥和生物防治技术。结合农业和农村经济结构调整，积极发展生态农业和有机农业，大力建设无公害农产品、绿色食品、有机食品生产基地，加强管理，减轻农业面源污染。

### 4.8.5 社会属性问题诊断分析

从评价结果看，“十二五”“十三五”期间社会属性准则层由不健康转为亚健康状况水平，对比发现，水功能区达标率由不健康水平转变为亚健康水平；“十三五”期间防洪保证率小于 50%，所以该指标赋分为 0；公众满意度均处于健康水平。可见辽河保护区采取的一系列治理措施已有明显效果，但其中水资源开发利用率指标仍处于病态水平，说明水资源开发利用率已经远超过了水资源开发生态警戒线（40%），这说明整个辽河保护区流域的水资源开发利用过度，严重挤占生态流量，导致水环境自净能力锐减，河流健康状况下降。

建议具体措施[85,86,101]：合理开发利用水资源：开源，积极推进沈阳规划水源工程建设，加大对再生水、雨洪水等非常规水源的利用程度，从根本上保证水资源的供应量；加大节水型社会建设力度，提高农业节水、生活节水和工业节水水平；强化水资源管理，建立长效的水资源管理考核机制，加强水源地保护；增强环保观念，提高节水意识，多方面、全方位、加大力度宣传水资源合理利用，提高民众的节水意识。对流域内防洪薄弱环节突出的相关干、支流进行治理。

## 4.9 辽河保护区各河段河流健康分析

### 4.9.1 辽河保护区福德店河流健康问题诊断

由图 4-5 可知，指标 $C_{11}$、$C_{21}$、$C_{32}$、$C_{33}$、$C_{42}$ 均朝好的方向发展，其中，生态流量满足程度由原来的不健康状态趋向健康状态，河岸带状况由健康状态趋向于理想状况，耗氧有机污染物由健康状态逐渐趋于理想状态，鱼类多样性由亚健康状态逐渐趋向健康状态。指标 $C_{31}$ 保持趋于理想状态；但 $C_{41}$ 大型底栖动物生物多样性呈现反弹的现象，因此，对比两个时期数据对趋向较好方向发展的指标继续预防、管理并防止出现反弹，针对呈现反弹现象的指标着重进行治理与保护。

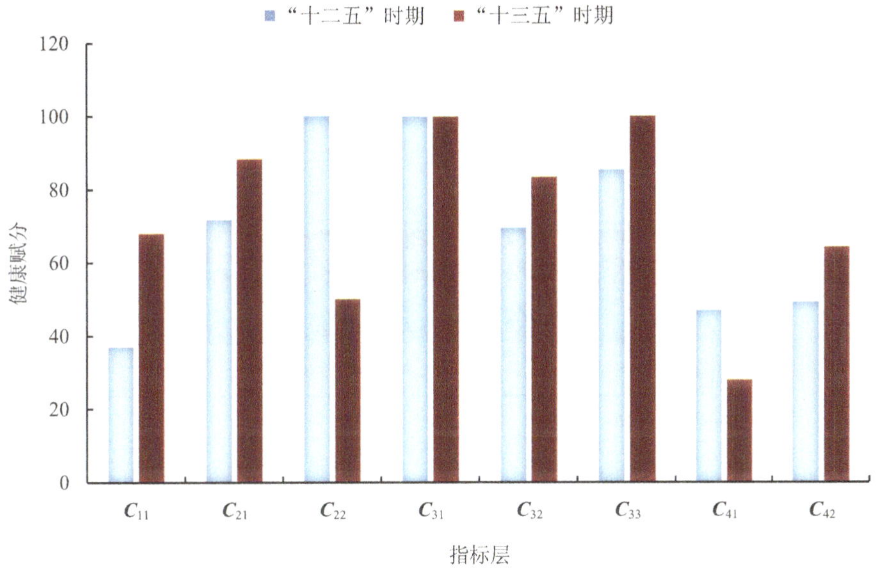


图 4-5　福德店河流指标层健康赋分

由图 4-6 可知，指标 $B_1$、$B_3$、$B_4$ 均朝好的方向发展；其中 $B_1$ 水文水资源由不健康状态趋于健康状态；物理结构从理想状态变成健康水平，有所退化；水质状况由健康状态逐渐趋于理想状态；水生物虽处于亚健康状态，对比发现逐渐好转。

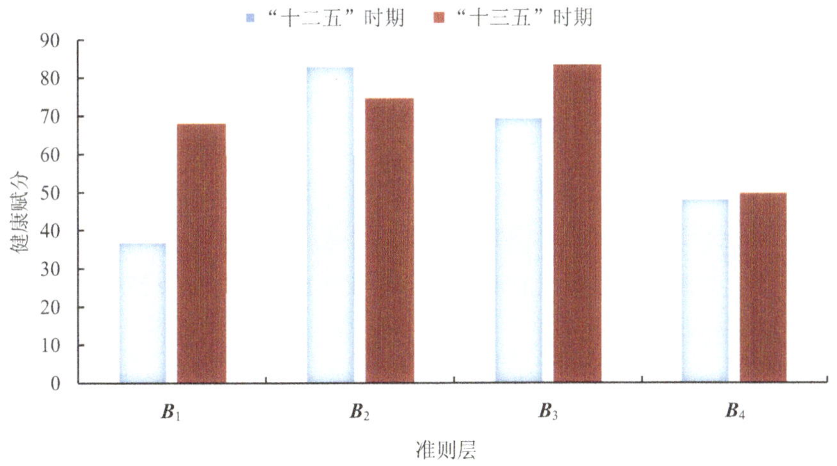


图 4-6　福德店准则层健康赋分

由图 4-7 可知，辽河保护区福德店河流清洁性健康状况由亚健康状态趋于健康状态；两个时期活力性健康状况均处于健康水平。对比发现活力性健康状况较好于清洁性健康状况。因此应重点关注水质与水生物。

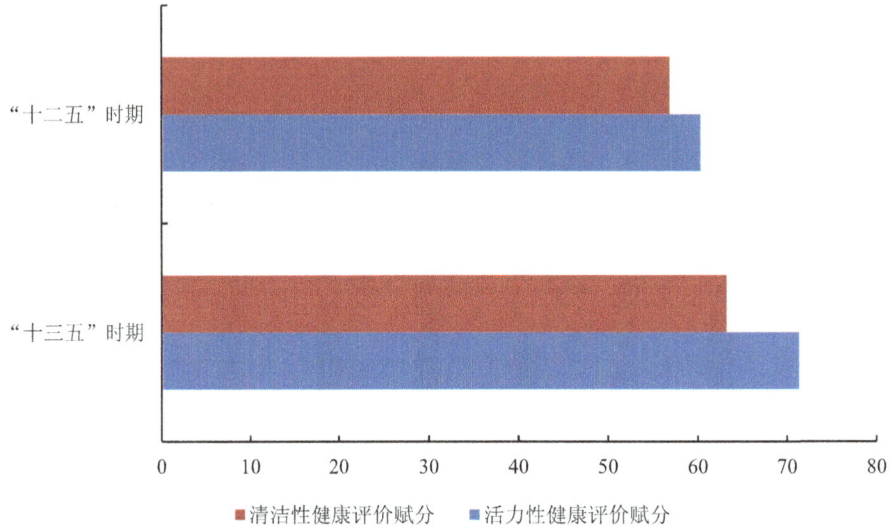


图 4-7　福德店河流健康评价赋分

对福德店段的河流健康评价结果进行分析，总体来看福德店段水质得到了明显改善，生境恢复较好，由于地域特征及自然、人为多方面因素的影响，辽河保护区河岸带在自然生境逐步恢复过程中出现诸多新的问题或影响因素，阻碍其良性恢复进程。辽河保护区福德店段无污染源，河岸植被多为草地，植被种类丰富，受人类活动干扰少，河岸带自然生境恢复状态好，但存在放牧的现象，会影响河岸带植被和土壤环境的恢复，从而阻碍河岸带自然生境的恢复进程[102,103]。建议：

1）尽量减少辽河保护区封育区域内人类活动，杜绝封育区内放牧情况。可以通过人工种植提高河岸带植被多样性、改变河岸带土壤结构，以加快辽河保护区河岸带自然生境的持续恢复进程，从而提高生物多样性。

2）支流是辽河污染物的主要来源，要注意境外来水污染，东西辽河在辽河保护区入河口汇入，因此要严格把控支流汇入水质健康状况，以防保护区内干流水质反弹。支流汇入口湿地发挥着重要的生态调节功能，可有效地截留并净化支流来水中的污染物，有助于确保辽河干流水质达标。

## 4.9.2　辽河保护区三合屯河流健康问题诊断

由图 4-8 可知，三合屯 $C_{11}$ 生态流量满足程度、$C_{41}$ 大型底栖动物生物多样性、$C_{42}$ 鱼类多样性等呈现反弹现象，可见这几个指标属于该段生态薄弱指标，应对其进行重点关注；$C_{22}$ 河流连通状况均处于不健康水平，这可能与该段水利工程建设有关；$C_{31}$ 溶解氧指标均处于理想状态，$C_{32}$ 耗氧有机污染物指标由亚健康状态趋于理想化状态，$C_{33}$ 重金属污染指标均处于理想状态，对比两个时期数据可知，均朝较好方向发展，可见“十二五”时期以来该站点水质状况得到明显改善。

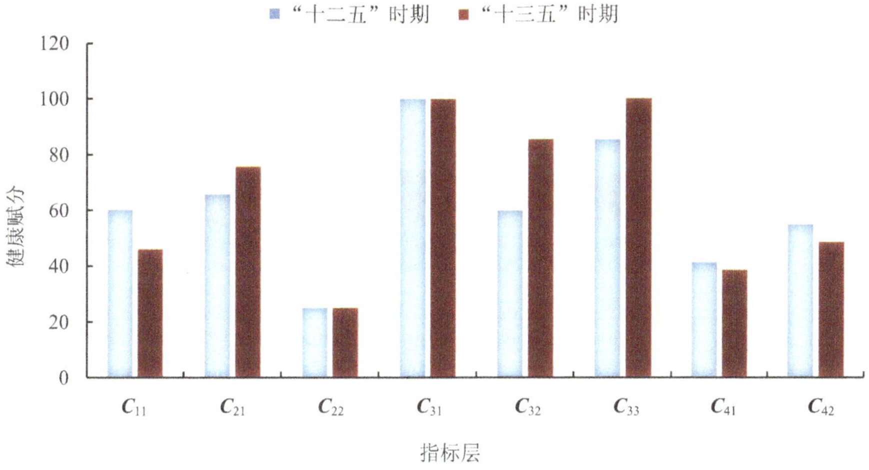


图 4-8　三合屯河流指标层健康赋分

由图 4-9 可知，准则层 $B_1$ 水文水资源均处于亚健康水平，对比两个时期数据发现该准则层呈现反弹现象；$B_2$ 物理结构均处于亚健康状态，对比发现趋向较好方向发展；$B_3$ 水质由亚健康趋于理想水平发展；$B_4$ 水生物均处于亚健康状态，且呈现反弹现象。由此可见，准则层水文水资源与水生物处于生态薄弱层，在治理过程中应重点关注。

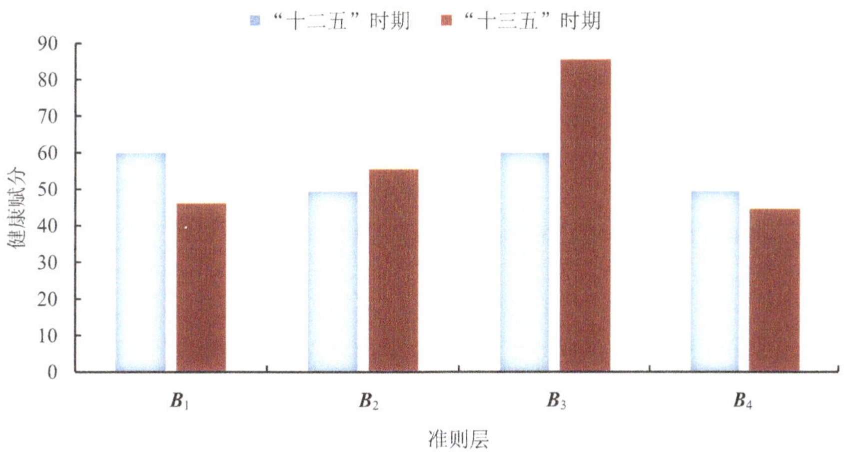


图 4-9　三合屯河流准则层健康赋分

由图 4-10 可知，三合屯活力性健康水平均处于亚健康水平，但呈现反弹现象，清洁性健康水平由亚健康水平趋于健康水平。因此，对该点活力性健康状况应重点关注。

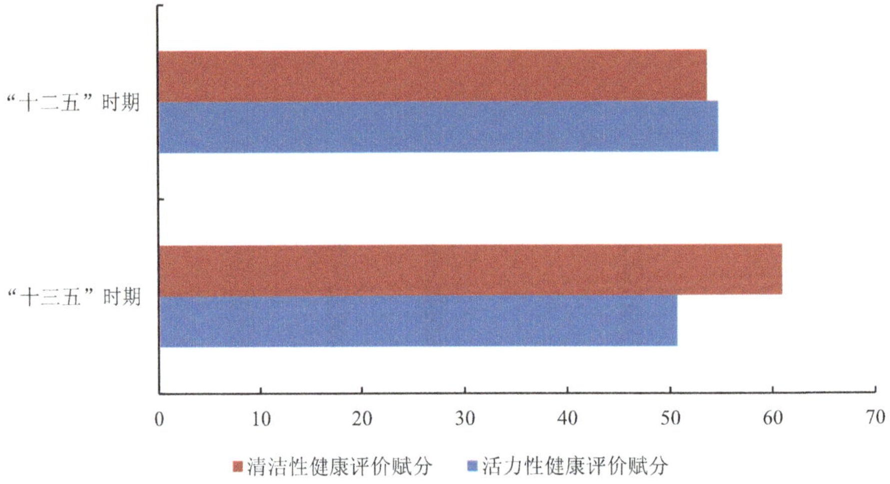


图 4-10　三合屯河流健康赋分

对三合屯段河流健康评价结果进行分析可知，该段总体健康状况良好，从各指标分析可见，河流生态流量得不到保障，该段水资源分配不均衡；河岸带状况从得分来看处于良好状态，但现场调查发现该段河岸带植被种类较单一，部分岸坡存在侵蚀现象；水质虽然得到明显改善，但该段存在支流汇入；生物多样性下降。建议[104-105]：

1）该段河流水量调控主要是靠水库以及闸坝来实现降雨来水和流域用水的平衡。

2）植被单一，建议以土著种为主，兼顾外来种。在天然植被稀疏的地段实行保护措施，提高植被盖度，促进天然植被恢复和自然生境改善，提高辽河干流的生态系统稳定性，提高生物多样性。

3）各自动站 GPRS 通信功能实现之后，现有的有线及卫星通信数据采集方式继续保留。通过决策支持系统对污染情况进行分析，并及时发出预警信息。

### 4.9.3　辽河保护区双安桥河流健康问题诊断

由图 4-11 可知，指标 $C_{11}$ 生态流量满足程度均处于亚健康水平，$C_{41}$ 大型底栖动物生物多样性由亚健康转为不健康水平，$C_{42}$ 由健康转为业健康水平，可见 $C_{111}$、$C_{41}$、$C_{42}$ 均呈现反弹现象，属于生态薄弱指标；$C_{21}$ 河岸带状况由亚健康水平趋于健康水平，$C_{22}$ 河流连通状况均处于健康水平，$C_{31}$ 溶解氧状况均处于理想水平，可见“十二五”时期以来水质状况得到明显改善，但水生物状况仍需重点关注。

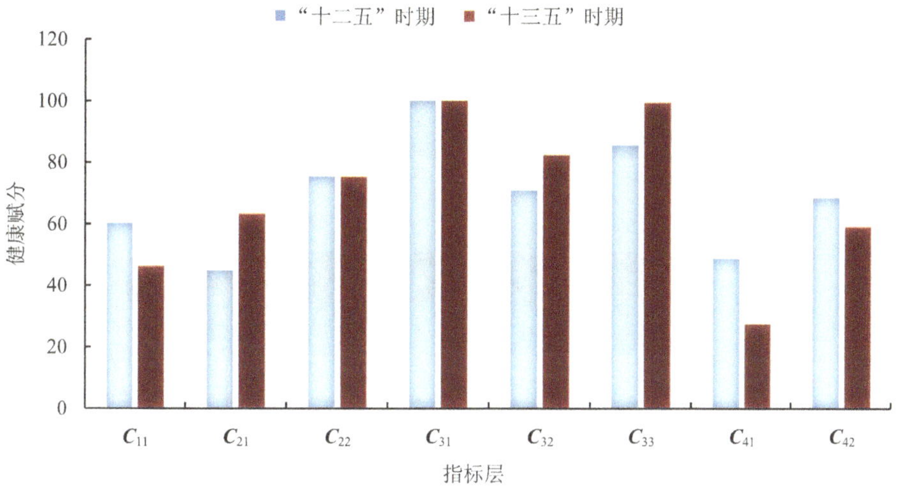


图 4-11　双安桥河流指标层健康赋分

由图 4-12 可知，准则层 $B_1$ 水文水资源均处于亚健康状态；$B_2$ 物理结构由亚健康状态转为健康状态；$B_3$ 水质由健康状态趋于理想状态；$B_4$ 水生物由健康状态转变为亚健康状态。由此可见，$B_1$、$B_4$ 均呈现反弹现象，且 $B_4$ 属于生态薄弱层，应对其进行重点关注。

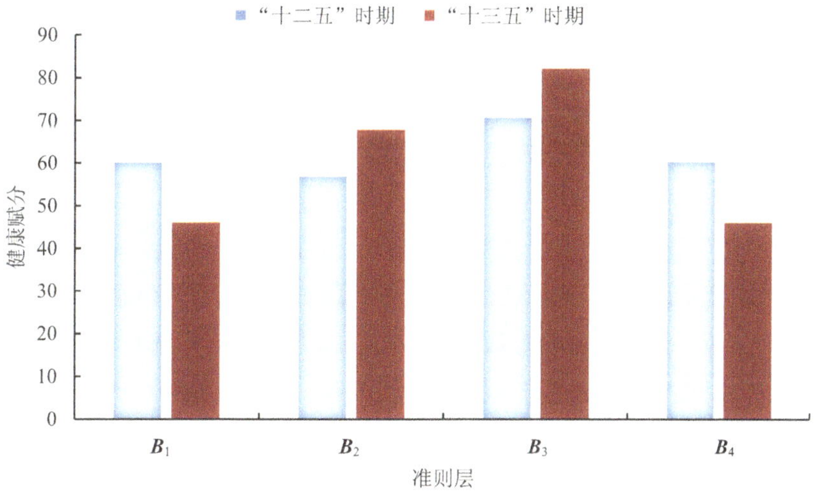


图 4-12　双安桥河流准则层健康赋分

由图 4-13 可知，两个时期双安桥段活力性健康状况均处于亚健康状态，清洁性健康状况均处于健康状态，对比发现，均呈现反弹现象，因此在后期治理过程中应对其重点关注。

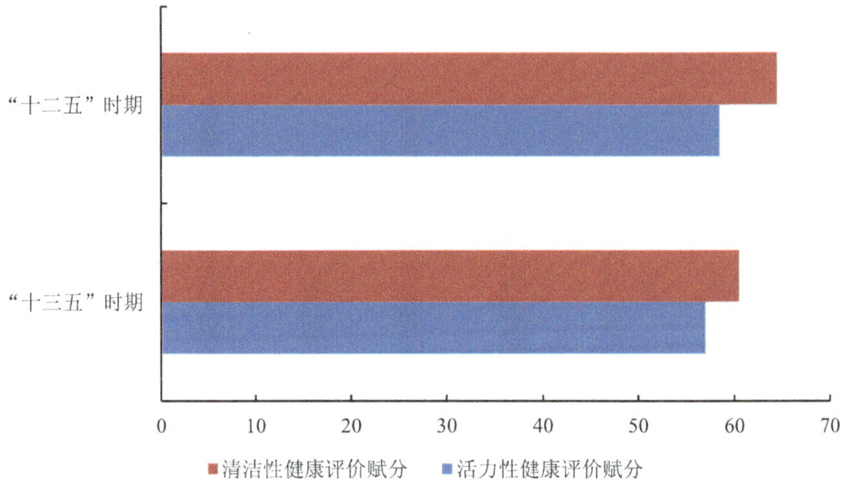


图 4-13　双安桥河流健康赋分

通过对双安桥段的分析可以看出，该段水质状况得到了明显改善，但生态流量得不到保障，且生物多样性较低。通过对该段现场调查发现，该段河岸带植被种类相对良好，但岸坡多为泥质，部分存在侵蚀。建议[106,107]：

1）支流清河、柴河在该段内，因此可借助该段橡胶坝及清河水库调控生态基流，尽量保证水资源分配均匀。

2）该段水质状况良好，但仍需注意外源污染物导致干流水质反弹，因此建议在支流入河口建立湿地，以达到涵养水源，削减入河污染负荷、增强水体自净能力的目标。通过建设，使湿地资源得到更好的保护与恢复，维护生物多样性，并极大地改善区域生态环境。

3）针对该段生物多样性下降，严禁生物资源过度利用、过度捕捞和猎捕等现象。建立珍稀鱼种繁育基地，人工增殖放流增加种群数量，改善和优化水域的群落结构；同时恢复和保持生境，增加区域植被数量和种类，在天然植被稀疏的地段实行保护措施，提高植被盖度，促进天然植被恢复和自然生境改善，提高生物多样性。

### 4.9.4　辽河保护区朱尔山河流健康问题诊断

由图 4-14 可知，$C_{33}$ 重金属污染状况均处于理想水平，$C_{42}$ 鱼类多样性均处于亚健康状态，但指标 $C_{33}$、$C_{42}$ 均呈现反弹现象；$C_{11}$ 生态流量满足程度由亚健康状态趋于理想状态，$C_{21}$ 河岸带状况、$C_{22}$ 河流连通状况均处于健康状态，$C_{31}$ 溶解氧均处于理想状态，$C_{32}$ 耗氧有机污染物由健康趋于理想状态，对比发现指标 $C_{11}$、$C_{21}$、$C_{22}$、$C_{31}$、$C_{32}$ 均朝好的方向发展；$C_{41}$ 大型底栖动物生物多样性均处于不健康状态，可见该指标为该段生态薄弱指标，应对其重点关注。

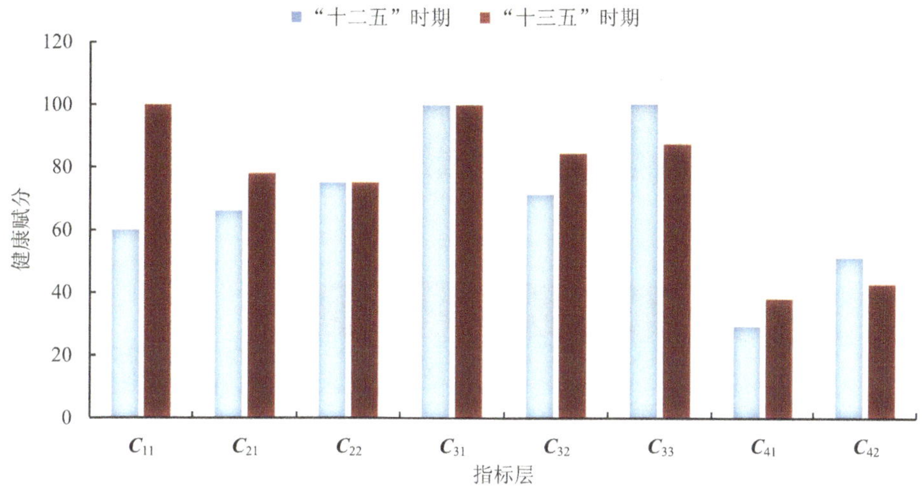


图 4-14　朱尔山河流指标层健康赋分

由图 4-15 可知，准则层 $\boldsymbol{B}_1$ 水文水资源由亚健康状态趋于理想状态，$\boldsymbol{B}_2$ 物理结构均处于健康状态，$\boldsymbol{B}_3$ 水质由健康趋于理想状态，$\boldsymbol{B}_4$ 水生物均处于亚健康状态，且具有反弹现象。可见准则层 $\boldsymbol{B}_1$、$\boldsymbol{B}_2$、$\boldsymbol{B}_3$ 均趋向好的方向发展，$\boldsymbol{B}_4$ 为该段生态薄弱层，应对其重点关注。

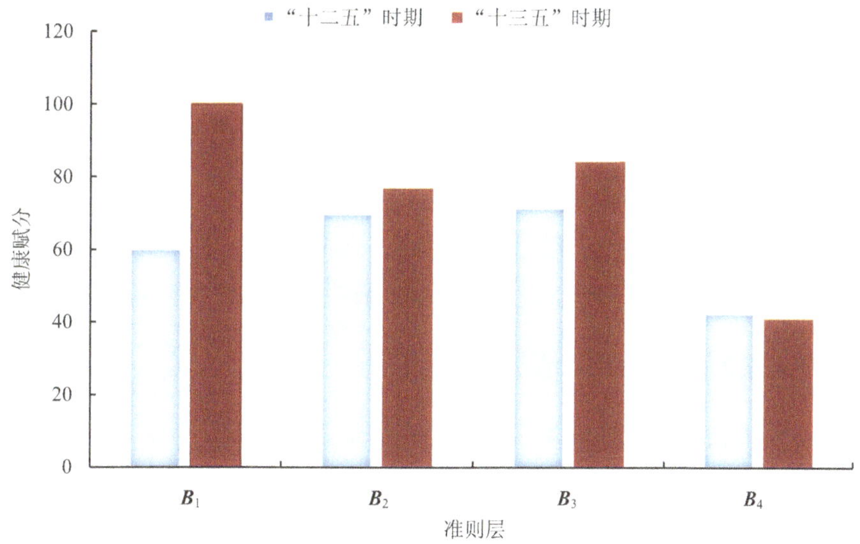


图 4-15　朱尔山河流准则层健康赋分

由图 4-16 可知，朱尔山河流活力性健康状况由健康状态转变为亚健康状态，清洁性健康状态均处于亚健康状态，可见活力性健康状况与清洁性健康状况均具有反弹现象。

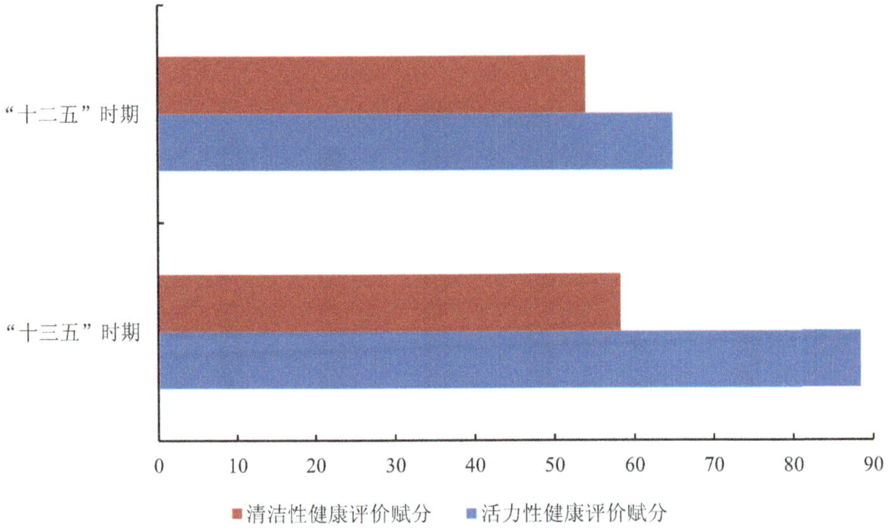


图 4-16 朱尔山河流河流健康赋分

从对朱尔山段进行的分析可以看出，该段水资源状况及水质均有明显改善，河岸带状况有明显改善，但未达到理想状态，且生物多样性较低。基于此，对该段建议为[108]：

1）在该段支流入河口建立湿地，有效地截留并净化支流来水中的污染物，确保辽河干流水质达标。恢复河口生境，提供水禽繁殖场所。同时可在干旱季节为河道补充水分，在洪涝季节可接收洪水。但在支流污染较轻的入河口不建议建立人工湿地。

2）根据该段坑塘特征，选择和搭配适宜的坑塘湿地植物，选取具有良好生态适应能力和生态营建功能的、具有很强生命力和旺盛长势的、具有较强耐污染能力且具有不对当地生态环境构成隐患或威胁的生态安全性的植物。

3）根据牛轭湖当地的水体质量、土壤质地、水位高低，选择耐污程度相当土壤质地和需水合适的植物作为先锋种、优势种、建群种进行湿地植物生境恢复。

## 4.9.5 辽河保护区石佛寺河流健康问题诊断

由图 4-17 可知，指标 $C_{32}$ 耗氧有机污染物状况均处于理想状态，但呈现反弹现象；$C_{11}$ 生态流量满足程度由健康状态趋于理想状态，$C_{21}$ 河岸带状况、$C_{22}$ 河流连通状况均处于健康状态；$C_{31}$ 溶解氧、$C_{33}$ 重金属均处于理想状态，$C_{42}$ 均处于亚健康状态，且 $C_{11}$、$C_{21}$、$C_{31}$、$C_{33}$、$C_{42}$ 均朝较好方向发展；$C_{41}$ 大型底栖生物多样性处于不健康水平，虽有好转，但仍需重点关注。

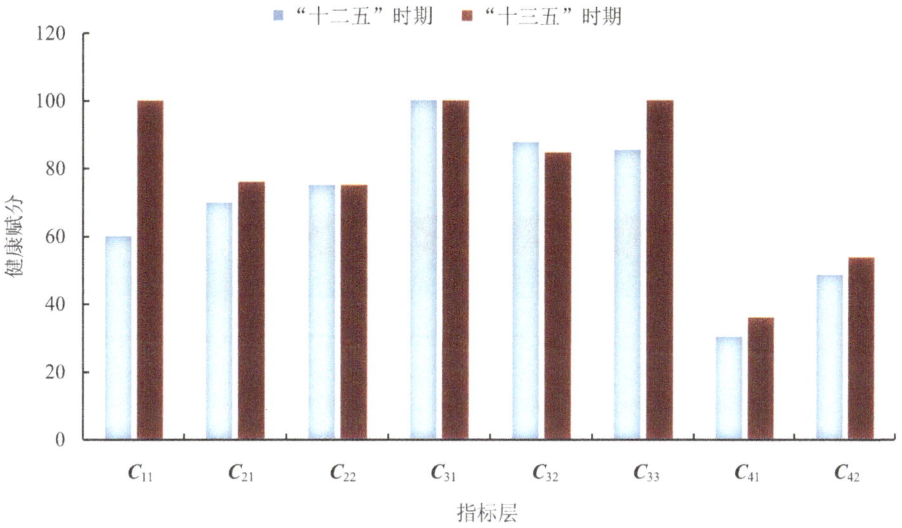


图 4-17　石佛寺河流指标层健康赋分

由图 4-18 可知，准则层 $B_1$ 水文水资源由亚健康状态趋于理想状态，$B_2$ 物理结构均处于健康状态，$B_3$ 水质均处于理想状态，但呈现反弹现象，$B_4$ 均处于亚健康状态。可见，准则层 $B_1$、$B_2$、$B_4$ 均趋向较好方向发展，应对 $B_3$、$B_4$ 重点关注。

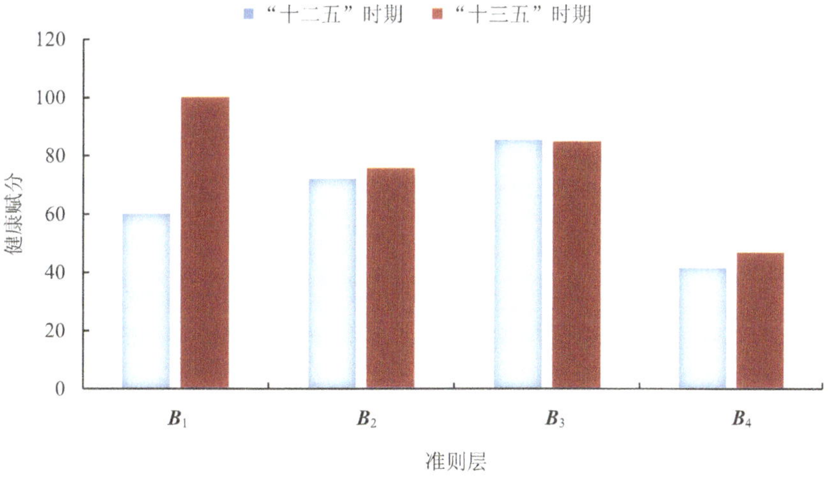


图 4-18　石佛寺河流准则层健康赋分

由图 4-19 可知，石佛寺河流活力性健康状况由健康状态趋于理想状态，清洁性健康状况由亚健康状态趋于健康状态，可见该段治理效果较好。

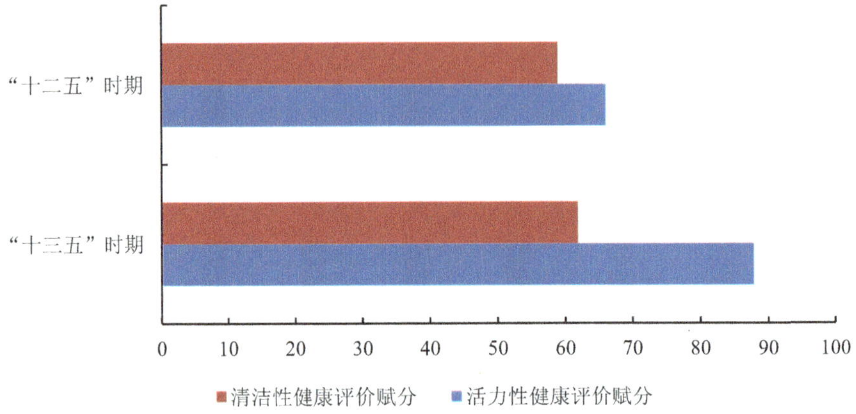


图 4-19 石佛寺河流健康赋分

从对该段进行的分析可以看出，总体状况良好，除耗氧有机污染物状况得分略微存在下降外，其他指标均有不同程度的改善。生物多样性仍很低。在现场调查过程中发现，部分河岸带存在大量垃圾堆放、乱扔现象。因此，巩固水质现状及生境恢复为该段治理重点[109-110]。建议：

1）改善沿岸生态环境，对河道两侧岸坎（尤其是陡坎）、滩地上的砂坑进行系统的治理。对部分容易塌方地区进行河道整治，建设生态型护岸，采用水利连通的方法，新建和贯通坑塘，保持河流连续性，控制湿地水位，退耕还林、还草。

2）在回水段湿地中形成沙心洲，为动植物提供良好生境，对于恢复生物多样性和保护河流湿地有重要意义。

3）在人为活动较频繁、易对动植物生存环境产生影响的地区以及需要隔离动物种群的地方设置围栏，采取天然灌草封育保护技术。采用铁丝网围栏对湿地灌草植被进行封育保护。

4）选择人为破坏严重、天然恢复困难的地段，实行植物资源恢复工程；同时，建立相应的种苗基地，有计划地选育乡土植物，进行驯化、繁育和种植实验，加快植被恢复的进程。

5）定期开展非正规垃圾点排查工作，制订年度整治实施计划，实施整治全流程监管，严厉查处随意倾倒堆放垃圾行为，坚决杜绝垃圾围岸、垃圾入河等现象。

## 4.9.6 辽河保护区马虎山河流健康问题诊断

由图 4-20 可知，指标 $C_{11}$ 生态流量满足程度由亚健康状态转变为病态，$C_{21}$ 河岸带状况由亚健康状态趋于健康状态，$C_{22}$ 河流连通状况由亚健康状态转变为不健康状态，$C_{31}$ 溶解氧状况、$C_{33}$ 重金属污染状况均处于理想状态，$C_{32}$ 耗氧有机污染物均处于健康状态，$C_{41}$ 大型底栖动物生物多样性由不健康状态转变为亚健康状态，$C_{42}$ 均处于亚健康状态。可见，指标 $C_{21}$、$C_{32}$、$C_{33}$ 均趋向较好方向发展，指标 $C_{11}$、$C_{22}$、$C_{41}$、$C_{42}$ 具有反弹现象。

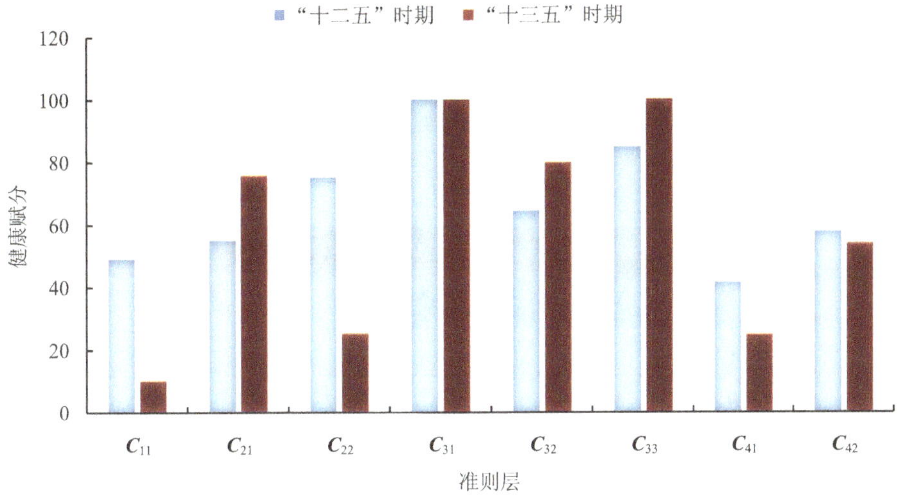


图 4-20 马虎山河流指标层健康赋分

由图 4-21 可知，准则层 $B_1$ 水文水资源由亚健康状态转变为病态，$B_2$ 物理结构由健康状态转变为亚健康状态，两个时期 $B_3$ 水质均处于健康状态，$B_4$ 水生物均处于亚健康状态，但呈现反弹现象。可见，只有 $B_3$ 水质状况朝较好方向发展，因此在后期治理过程中应对 $B_1$、$B_2$、$B_4$ 重点关注。

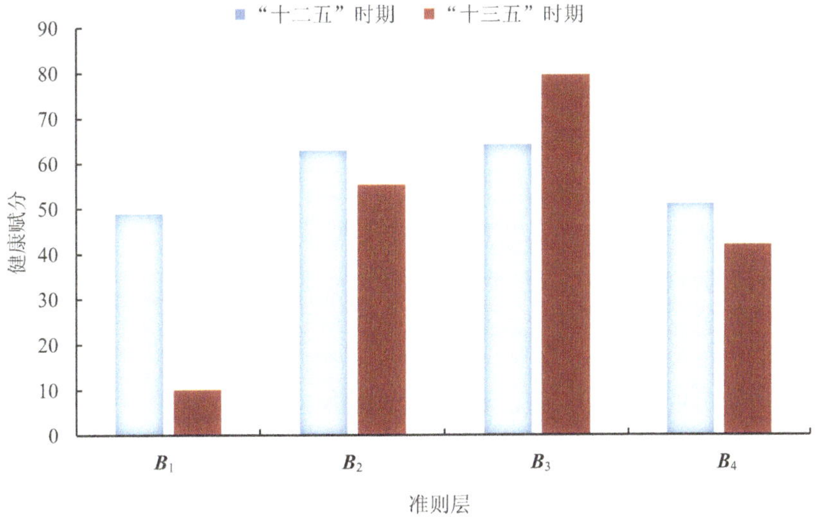


图 4-21 马虎山河流准则层健康赋分

由图 4-22 可知，马虎山河流活力性健康状况由亚健康状态转变为不健康状态，清洁性健康状态均处于亚健康状态，可见该段河流健康状况有所退化。

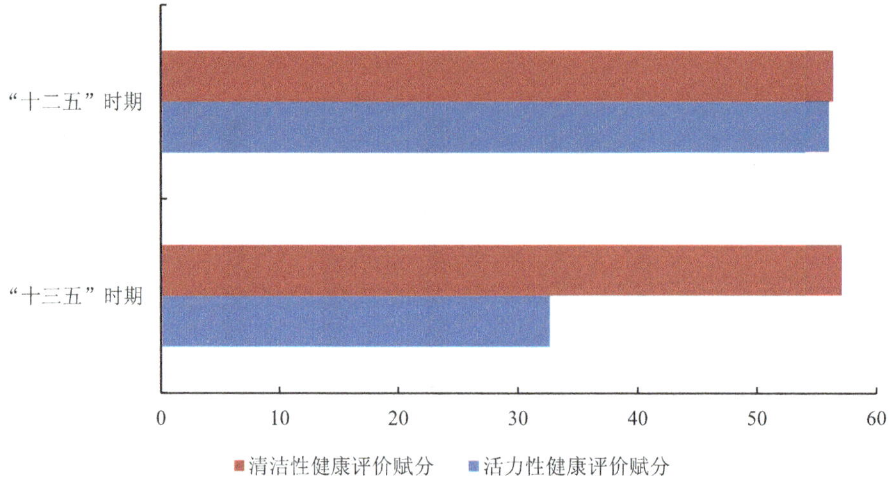


图 4-22 马虎山河流健康赋分

从对该段进行的分析可知，总体状况良好。水质得到明显改善，生态流量满足程度明显退化；生物多样性较低，底栖动物尤为突出。在现场调查过程中发现，该段河岸带植被恢复较好，但部分河段植被较单一。建议：

1）河流生态流量应能够满足河道原有生物群落的栖息繁衍、携沙冲淤、水质净化、河流自然及社会功能健康发育等，同时流量应保证岸线不冲刷及堤防安全等[111]。

2）根据不同需要进行生物多样性的合理优化配置，在保持滨水缓冲带岸坡面稳定的基础上，增加区域植被数量和植被种类，构建拟自然状态的河岸带植物群落，提高区域物种多样性，改善滨岸缓冲带的空间结构和生态系统功能，提升缓冲带污染物截留能力[112]。

3）继续实施退耕还河、生态封育。通过采取划定封育范围、明确工作责任、落实专项资金、开展巡查督导、加强封育管理、进行考核评比等一系列管理举措，确保生态封育效果[113]。

## 4.9.7 辽河保护区红庙子河流健康问题诊断

由图 4-23 可知，指标 $C_{11}$ 生态流量满足程度由亚健康状态趋于理想状态，$C_{21}$ 河岸带状况由亚健康状态趋向健康状态，$C_{22}$ 河流连通状况、$C_{42}$ 鱼类多样性均处于亚健康状态，$C_{31}$ 溶解氧状况、$C_{33}$ 重金属污染状况均处于理想状态，$C_{32}$ 耗氧有机污染物均处于健康状态，$C_{41}$ 大型底栖动物生物多样性均处于不健康状态，且具有反弹趋势。可见，

指标 $C_{11}$、$C_{21}$、$C_{31}$、$C_{32}$、$C_{33}$、$C_{42}$ 均朝较好方向发展。

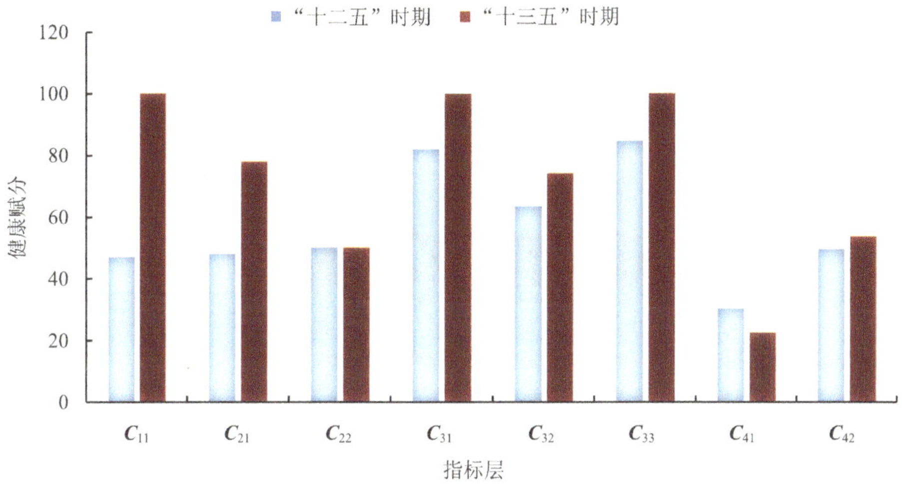


图 4-23 红庙子河流指标层健康赋分

由图 4-24 可知，准则层 $B_1$ 水文水资源由亚健康状态趋于理想状态，$B_2$ 物理结构由亚健康状态趋于健康状态，$B_3$ 水质均处于健康状态，$B_4$ 水生物均处于亚健康状态。可见，$B_1$、$B_2$、$B_3$ 均朝较好方向发展，$B_4$ 呈现反弹现象，应对其重点关注。

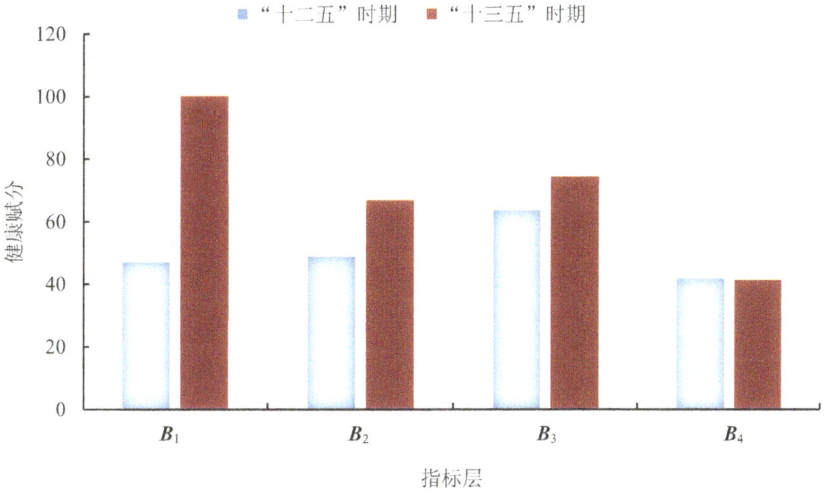


图 4-24 红庙子河流准则层健康赋分

由图 4-25 可知，红庙子河流活力性健康状态由亚健康状态趋于理想状态，清洁性健康状态均处于亚健康水平，可见自"十二五"时期以来该段治理较好，应对该段清洁性健康给予重点关注。

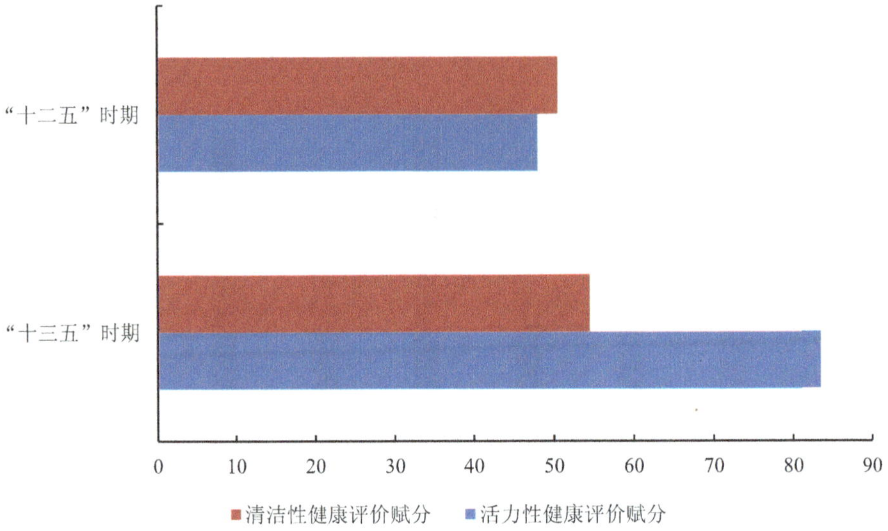


图 4-25　红庙子河流健康赋分

从对该段进行的分析可以看出，除底栖生物多样性指数指标较低之外，其他指标均有不同程度的改善。通过现场调查发现，该段部分河岸存在轻度侵蚀，河岸带存在采沙现象，左岸有放牧。建议：

1）生境恢复是提高生物多样性的重要举措。故河岸带应补植植被，模拟自然植被的群落结构，同时保证一定的林带宽度以稳定河势，保持和提高源头径流能力与水源涵养能力，保护生物多样性和保持水土，形成和谐有序、稳定多样的近自然景观，确保生态系统的良性发展[114]。

2）针对河道断流和过度放牧引起的湿地植被退化问题，在人为活动较频繁、易对动植物生存环境产生影响的地区以及需要隔离动物种群的地方设置围栏，采取天然灌草封育保护技术，采用铁丝网围栏对湿地灌草植被进行封育保护。

3）针对非法采砂等问题，各级水行政主管部门要严格执行《辽宁省河道采砂管理实施细则》及河道采砂规划，严格执行河道采砂规划、计划和许可制度。强化检查巡查和监督执法，持续开展河道非法采砂问题整治行动。

## 4.9.8　辽河保护区大张桥河流健康问题诊断

由图 4-26 可知，指标 $C_{11}$ 生态流量满足程度、$C_{42}$ 鱼类多样性均处于亚健康状态，$C_{21}$ 河岸带状况由亚健康状态趋于健康状态，$C_{22}$ 河流连通状况均处于健康状态，$C_{31}$ 溶解氧状况、$C_{33}$ 重金属污染均处于理想状态，$C_{32}$ 耗氧有机污染物由亚健康趋于理想状态，$C_{41}$ 大型底栖生物多样性由健康状态转变为不健康状态。可见指标 $C_{11}$、$C_{41}$ 呈现反弹现象，且 $C_{41}$ 健康等级较低，应对其重点关注；指标 $C_{21}$、$C_{32}$、$C_{33}$、$C_{42}$ 均呈现增长趋势，应继续保持。

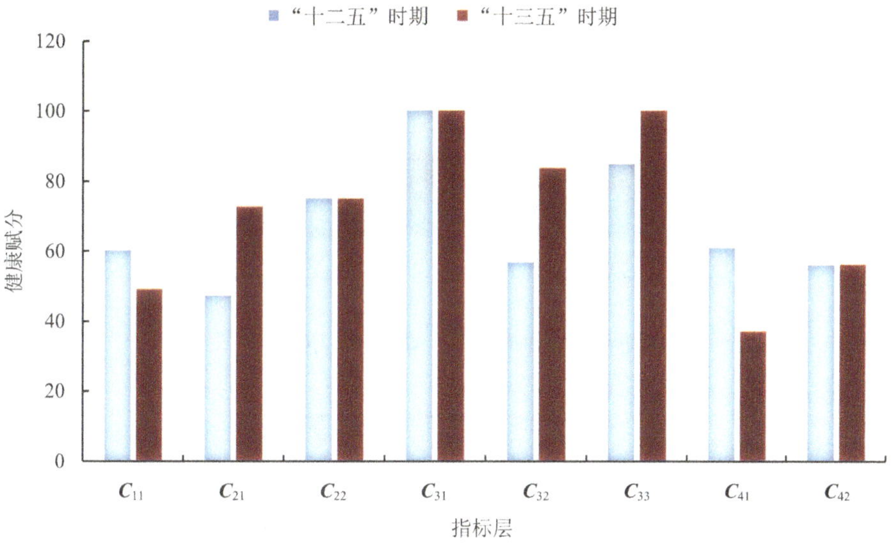


图 4-26　大张桥河流指标层健康赋分

由图 4-27 可知，准则层 $B_1$ 水文水资源、$B_4$ 水生物均处于亚健康状态，且呈现反弹现象，$B_2$ 物理结构由亚健康状态趋于健康状态，$B_3$ 水质由亚健康状态趋于理想状态。可见，该段水质状况改善较为明显，应重点关注水文水资源与水生物。

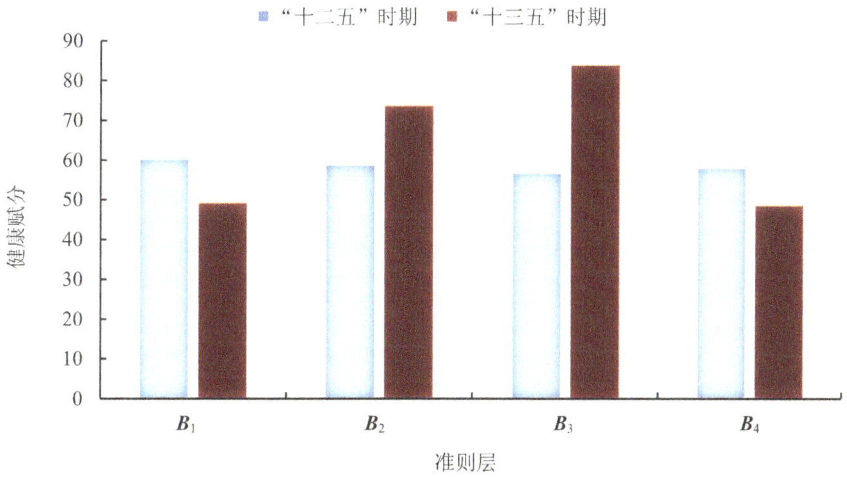


图 4-27　大张桥河流准则层健康赋分

由图 4-28 可知，大张桥河流活力性健康状况与清洁性健康状况均由亚健康状态趋于健康状态。可见该段整体健康状况较好。

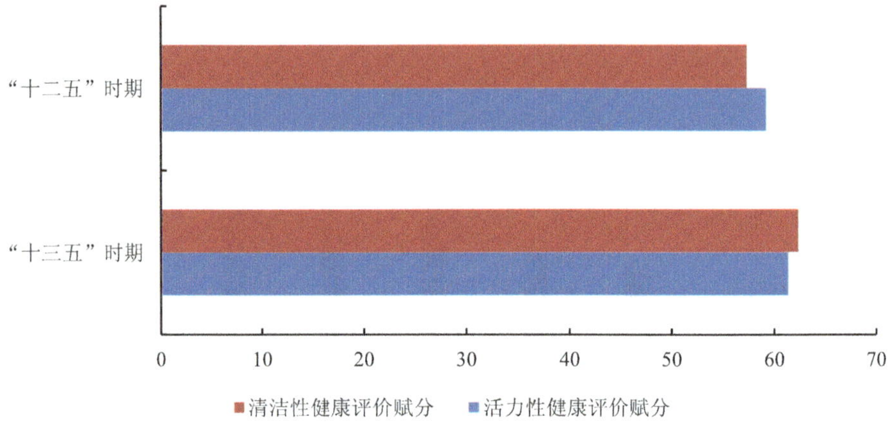


图 4-28 大张桥河流健康赋分

从对该段进行的分析可以看出，除生态流量满足程度和大型底栖动物生物多样性得分较低外，其他指标均有不同程度的改善，尤其水质改善较为明显。针对该段问题建议如下：

1）通过闸坝调度调控，使生态流量得到保障。针对该段问题，对河流基流、地下水开采、调水工程总体对辽河水量进行系统规划分配，结合闸坝、水库联动的储蓄水功能提升辽河保护区的水资源利用率。

2）针对水量水质现状，为了保护河流水生态环境，推动水资源科学、合理、有序开发和可持续利用，应加强生态流量综合监管，亟须制定辽河重要控制断面生态流量与重要水工程下泄生态基流的监测评价制度。

3）采用水利连通的方法，新建、贯通坑塘，保持河流连续性，控制湿地水位，退耕还林还草，对于部分容易塌方地区进行河道整治，建设生态型护岸。

4）生境恢复是提高生物多样性的重要举措[115]。故河岸带应补植植被，模拟自然植被的群落结构，同时保证一定的林带宽度稳定河势，以保持和提高源头径流能力与水源涵养能力，保护生物多样性和保持水土，形成和谐有序、稳定多样的近自然景观，确保生态系统的良性发展。

## 4.9.9 辽河保护区盘锦兴安河流健康问题诊断

由图 4-29 可知，指标 $C_{11}$ 生态流量满足程度、$C_{42}$ 鱼类多样性均处于亚健康状态，且都出现反弹现象，$C_{21}$ 河岸带状况、$C_{22}$ 河流连通状况均处于健康状态，$C_{31}$ 溶解氧状况、$C_{33}$ 重金属污染均趋于理想状态，$C_{41}$ 大型底栖动物生物多样性在“十二五”期间未测得，在“十三五”期间处于病态水平，可见指标 $C_{11}$、$C_{42}$ 具有反弹趋势，$C_{21}$、$C_{31}$、$C_{32}$、$C_{33}$ 均有明显改善，$C_{41}$ 健康等级较低，是生态薄弱指标。

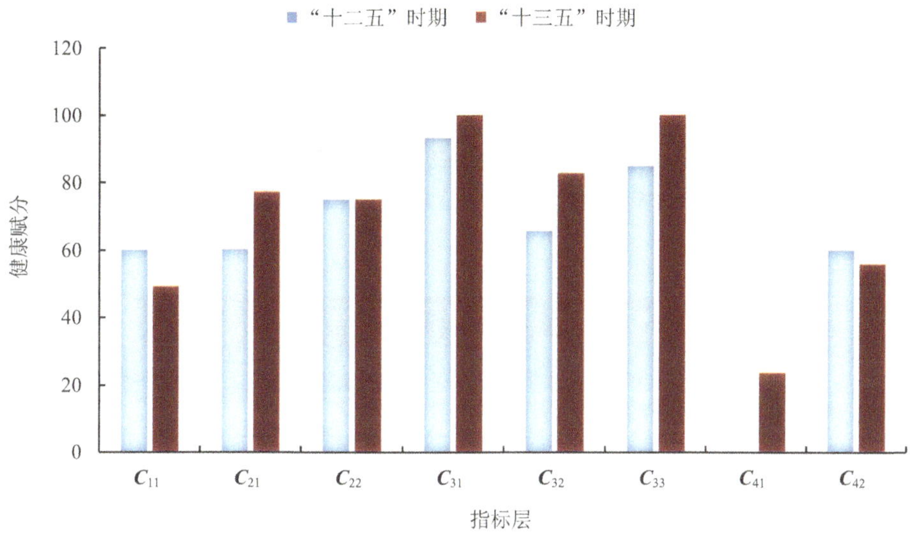


**图 4-29　盘锦兴安河流指标层健康赋分**

由图 4-30 可知，准则层 $\boldsymbol{B}_1$ 水文水资源、$\boldsymbol{B}_4$ 水生物均处于亚健康状态，$\boldsymbol{B}_2$ 物理结构均处于健康状态，$\boldsymbol{B}_3$ 水质由健康状态趋于理想状态，可见该段水质改善较为明显，水文水资源具有反弹趋势，在后期治理中需重点关注。

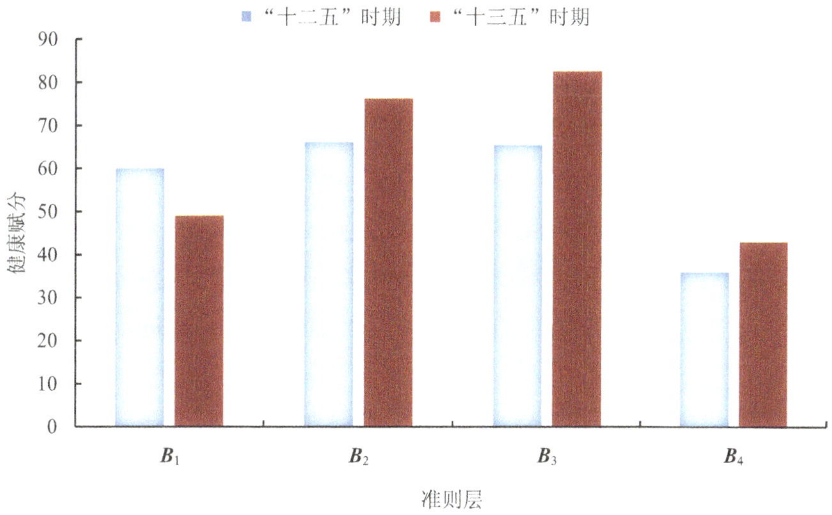


**图 4-30　盘锦兴安河流准则层健康赋分**

由图 4-31 可知，盘锦河流活力性健康状况处于健康状态，但存在反弹趋势；该段清洁性健康状况均处于亚健康状态，且有改善的趋势。可见活力性健康状况存在反弹可能与水文水资源准则层中的生态流量满足程度有关，因此，在后期治理中应针对生态薄弱指标进行管理。

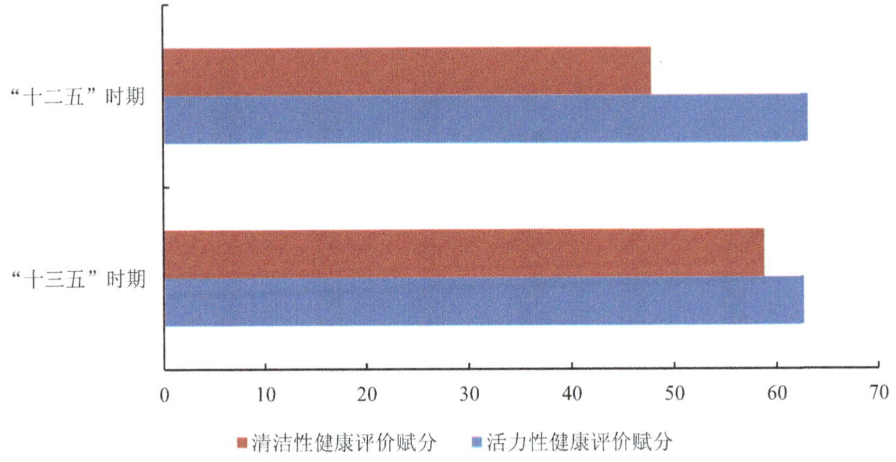


图 4-31　盘锦兴安河流健康赋分

从对该段进行的分析发现，仍存在生态流量得不到保障和生物多样性较低的问题。在现场调查过程中发现，在盘锦兴安河流水质监测站一带，沿河有较多打油机在工作。建议：

1）柳河以下泥沙含量较高和非汛期拦河蓄水建筑物的关闭运行方式，以及缺少洪水的造床作用，造成辽河生态蓄水抗旱工程（橡胶坝结构）及盘山闸等库区内的河道淤积，有效库容减少，威胁河道行洪功能及橡胶坝的正常运行，有必要对部分淤积较为严重的河段河道施行人工清淤。

2）盘山闸处于入海河口区，生物侧游通道不畅，鱼类品种单一化；河流自身结构被分割，抬高河流水位，蓄水形成静止水面，失去水土之间的联系，使得水生植物失去生存的根本，浮游藻类占据生态系统的主导地位，导致建闸河段发育特征发生改变，将促使其水生生态系统朝着"湖库"的方向发育。因此应对盘山闸进行改造，保证生物侧游通道流畅。

3）禁渔期内，全流域一切自然水域禁渔；平时对渔业加强管理，对幼鱼进行放归，严禁捕捞珍稀鱼种。

4）依托保护水质自动监控系统和数据库管理系统，通过水质自动监测站安装 GPRS 数据通信设备，经无线通信网将各自动站的在线监 测数据发送到总指挥系统。通过决策支持系统对污染情况进行分析，并及时发出预警信息。

## 4.9.10　辽河保护区曙光大桥河流健康问题诊断

由图 4-32 可知，指标 $C_{11}$ 生态流量满足程度、$C_{22}$ 河流连通状况均处于亚健康状态，

且 $C_{11}$ 呈现反弹趋势，$C_{21}$ 河岸带状况、$C_{32}$ 耗氧有机污染物状况均处于健康状态，$C_{31}$ 溶解氧状况、$C_{33}$ 重金属污染均趋向理想状态，$C_{41}$ 大型底栖动物生物多样性由不健康状态趋向病态，$C_{42}$ 鱼类多样性由亚健康状态转为健康状态。可见指标 $C_{41}$ 健康等级较低，且还呈现反弹现象，应对其重点关注。

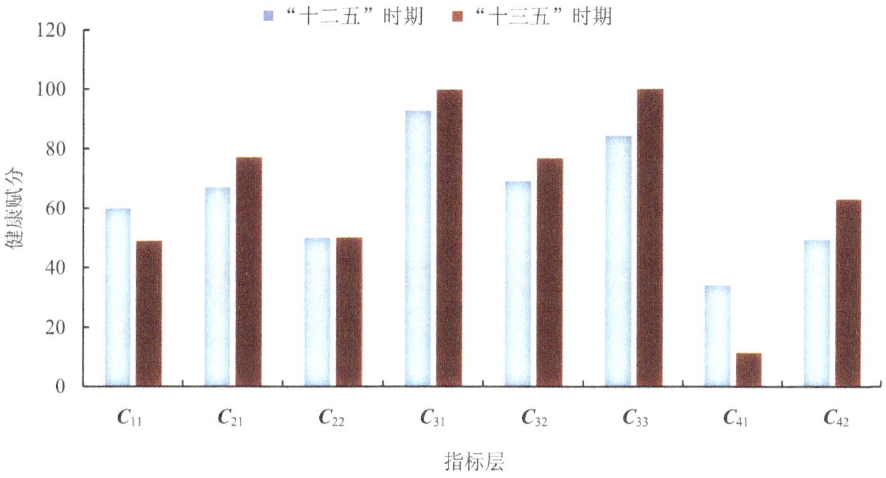


图 4-32　曙光大桥河流指标层健康赋分

由图 4-33 可知，准则层 $B_1$ 水文水资源、$B_4$ 水生物均趋向亚健康状态，且 $B_1$ 呈现反弹趋势，$B_2$ 物理结构、$B_3$ 水质均处于健康状态。可见，该段物理结构与水质改善较好，但水文水资源与水生物健康等级仍较低。

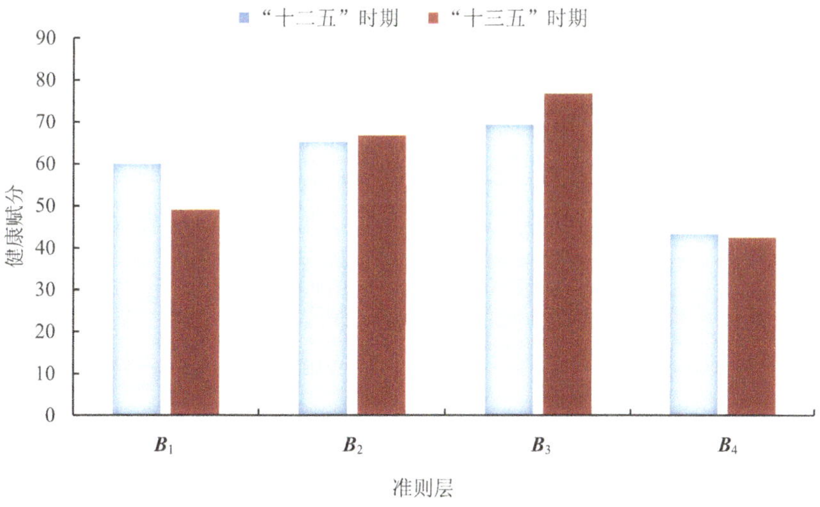


图 4-33　曙光大桥河流准则层健康赋分

由图 4-34 可知，曙光大桥河流活力性健康状态由健康趋向亚健康水平发展，存在反弹趋势；清洁性健康状态均处于亚健康水平。可见该段河流健康等级较低，这可能与指标生态流量满足程度、大型底栖动物生物多样性存在较大关系，该段物理结构改善并不明显，这可能造成该段总体健康等级较低，在后期治理中，应针对薄弱指标，加大治理力度。

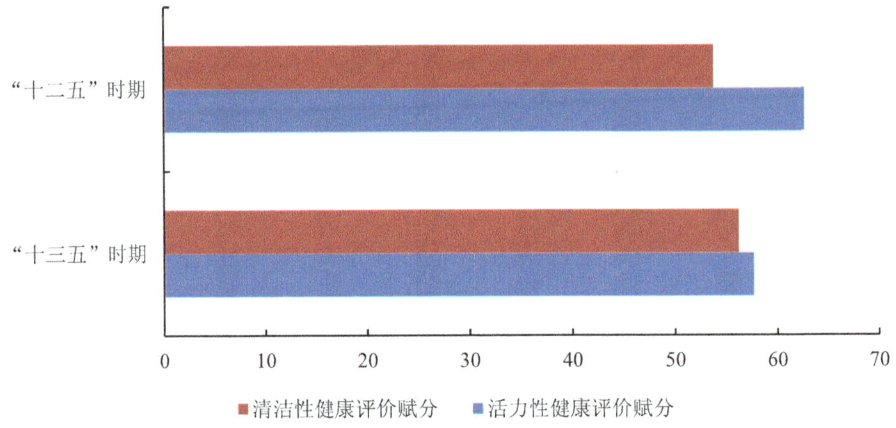


图 4-34 曙光大桥河流健康赋分

从对该段进行的分析发现，仍存在生态流量得不到保障和生物多样性较低的问题。该段河岸带状况恢复较为明显，但相比上游植被覆盖率较低且种类单一。针对该现状建议：

1）通过闸坝调度调控，使生态流量得到保障。针对这个问题，从对河流基流、地下水开采、调水工程总体对辽河水量进行系统规划分配，结合闸坝、水库联动的储蓄水功能，提升辽河保护区的水资源利用率。

2）河岸带补植植被，模拟自然植被的群落结构，同时保证一定的林带宽度以稳定河势，保持和提高源头径流能力与水源涵养能力，保护生物多样性。

3）在保持滨水缓冲带岸坡面稳定的基础上，增加区域植被数量和植被种类，构建拟自然状态的河岸带植物群落，提高区域物种多样性。

4）根据该段坑塘牛轭湖特征及当地的水体质量、土壤质地、水位高低，选择和搭配适宜的坑塘湿地植物，选取具有良好的生态适应能力和生态营建功能，具有很强的生命力和旺盛的生长势，具有较强的耐污染能力且具有不对当地生态环境构成隐患或威胁生态安全性植物，需水合适的植物作为先锋种、优势种、建群种进行湿地植物生境恢复。

## 4.9.11 辽河保护区赵圈河河流健康问题诊断

由图 4-35 可知，指标 $C_{11}$ 生态流量满足程度、$C_{42}$ 鱼类多样性均处于亚健康状态，

$C_{21}$ 河岸带状况由健康趋向理想状态，$C_{22}$ 河流连通状况、$C_{31}$ 溶解氧状况、$C_{32}$ 耗氧有机污染物、$C_{33}$ 重金属污染均处于理想状态，$C_{41}$ 大型底栖动物生物多样性均为不健康状况，可见，该段除指标 $C_{41}$ 之外，其他指标健康等级均较高，在后期治理过程中应对 $C_{41}$ 重点关注。

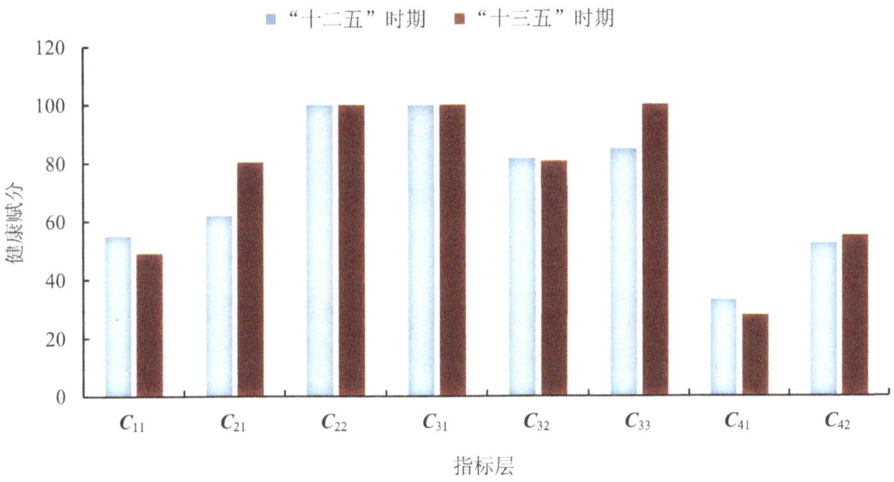


图 4-35　赵圈河河流指标层健康赋分

由图 4-36 可知，准则层 $B_1$ 水文水资源均处于亚健康状态，且呈现反弹趋势，$B_2$ 物理结构由健康状态趋向理想状态，$B_3$ 水质均处于理想状态，但呈现反弹趋势，$B_4$ 水生物均处于亚健康状态。可见影响 $B_1$ 健康等级的指标为生态流量满足程度，影响 $B_4$ 的为大型底栖动物生物多样性指标，在后期治理中应重点关注。

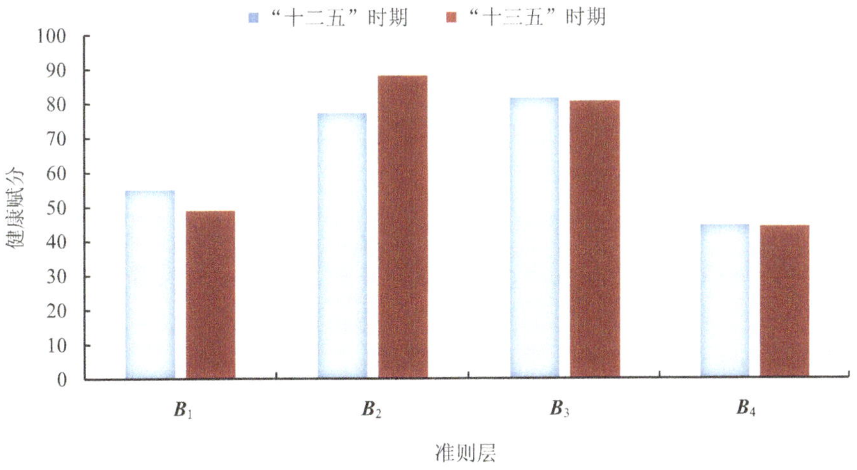


图 4-36　赵圈河河流准则层健康赋分

由图 4-37 可知，赵圈河河流活力性健康状态均处于健康水平，清洁性健康状态均处于亚健康水平，可见各指标中除生态流量满足程度、大型底栖动物生物多样性、鱼类多样性指标外，其他指标均趋于理想状态，但该段河流健康等级仍较低，生态流量满足程度、大型底栖动物生物多样性、鱼类多样性指标是影响该段河流健康的主要指标，应对其重点关注。

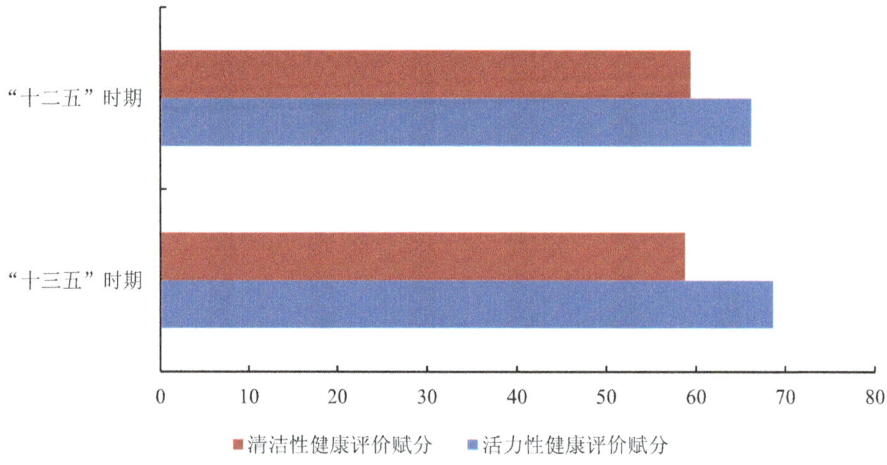


图 4-37　赵圈河河流健康赋分

从对该段进行的分析可以看出，除生态流量及生物多样性之外，其他指标改善均较为显著。在现场调查中发现，入海口段多为芦苇且部分河段存在冲淤。河口区滩涂广阔，滩质细腻，有机质含量高，大批的人工养殖造成了湿地生境破坏。针对该段问题，建议如下：

1）针对近海湿地生态服务功能退化的现状，按照国家规定，对位于辽河口国家级自然保护区、省级自然保护区等保护地内的养殖坑塘及所属固体建筑物进行拆除，并按照周边环境地形及海拔进行地形的平整与改造，恢复近海岸线湿地自然状态，对正常使用的养殖坑塘进行安置补偿[116]。

2）集中分布于辽河西海岸的养殖坑塘区属于潮汐作用比较频繁的湿地潮滩区，同时也是红海滩景观翅碱蓬湿地的潜在分布区[117]，因翅碱蓬的生长需要一定的盐度胁迫才能正常生长变为红色，成就红海滩景观，故需根据陆源淡水水系通道，对陆海潮汐水道进行恢复，使陆地淡水与海水能够自然交融混合，形成翅碱蓬生长的适宜盐度分布区。

3）由于目前辽河口湿地用水短缺，需调配上游水资源进行补给，可通过人为辅助方式增加湿地用水，解决辽河口芦苇湿地季节性水资源短缺和时空分布不均的问题。

4）为提高芦苇湿地的水资源输送效率，减少不必要的渗漏、滞留等损失，需对辽河口芦苇湿地以及双台子区湿地输水水道进行清淤，并对相应提水设备闸坝进行改造。

5）针对辽河口芦苇湿地退化情况，可开展海水调配工程，通过人工辅助措施调配部分海水进入芦苇湿地，一方面调节芦苇湿地盐度，促进芦苇恢复；另一方面可在一定程度上缓解水资源短缺的问题。

6）恢复和重建现有的湿地植物群落，恢复湿地生态系统功能。在修复和重建过程中，对现有长势良好的沉水植物、浮叶植物、挺水植物应以保护为主，防止人为破坏，同时在此基础上进行适当补植，以此提高生物多样性。

# 第 5 章　辽河保护区河流健康修复方案

辽河流域水环境污染严重，污染持续历史长久。干流水质除了受到辽河上游地区水土流失的严重影响，还受上游来水、支流汇水以及季节性水量等因素影响。

2004 年之前 20 年水质监测数据表明，辽河流域主要干流约 80%断面水质劣于国家地表水Ⅴ类标准。自“十一五”水专项启动以来，辽宁省在辽河流域治理投入了大量的人力、物力和财力。2008—2012 年投入的资金累计超过 300 亿元，新建 99 座污水处理厂，实施“封口行动”，两年内将辽河干流城市段的 80 个工业直排口和 34 个市政直排口全部取消。2010 年 3 月，辽宁省政府为了实现根治辽河，彻底恢复辽河生态，划定辽河保护区，成立辽河保护区管理机构，以打造沿河生态带、旅游带、城镇带为重点，通过采取退耕还河封育、强化水质监管、采砂疏浚清障、重点生态示范、源头治理保护、中小河流治理、城镇河段整治、创新管理体制机制等措施，全面加强辽河保护区管理保护工作。尤其是 2010 年以来，沿 1050 线对辽河干流部分河滩地实施了退耕封育，共封育河滩地面积 62.4 万亩，河道生态环境明显改善，生物多样性显著恢复，千里生态廊道基本建成。经过几年的努力，辽河保护区建设及管理保护工作取得显著成效，2013 年辽河在全国“三河三湖”治理中率先摘掉了重度污染的帽子，辽河综合治理取得初步成效。基于《国家河湖（库）健康评价导则》《辽河保护区水生态健康评价技术体系构建》及《辽宁省河湖（库）健康评价导则》，结合辽河保护区河流特点，建立辽河保护区河流健康评价指标体系，增加考虑防洪、水资源利用和居民对辽河满意程度的社会服务功能，综合考虑辽河生态系统的完整性和河流经济、文化和社会服务功能，从河流的自然属性和社会属性出发，较为全面地对辽河保护区河流健康做出评价。在此基础上，针对辽河保护区健康问题现状，结合辽河保护区治理目标，从水文水资源、物理结构、水质、水生物、社会属性等多个角度入手，充分考虑辽河保护区自然环境特征，提出辽河保护区健康河流修复方案，确定适宜辽河保护区河流健康的管理目标、策略与机制。

通过水域岸线管理保护、退耕（林）还河建设生态廊道，可以恢复河道水体自净能力；通过实施生态蓄水湿地建设、河岸带生态修复技术、河流自然生境恢复技术等生态修复类技术，可以修复辽河保护区的生态环境；实施河道清淤疏浚、河道清障等河道综合治理技术，可以实现河道治理，保障生态用水量。通过依法治河、完善监测预警预报体系、强化联合执法、建立河流长效管理等能力建设类技术的实施，进一步完善河流健康保护体系，促进辽河保护区健康河流的可持续发展。

## 5.1　总体目标

本章基于河流健康评价结果及辽河保护区现状，从水资源保护、水污染控制、生境恢复、防洪补短板、监督执法等方面入手，聚焦河湖管理保护主要工作任务。统筹解决堤防不达标、河流污染、畜禽养殖污染、点源污染、河道垃圾、河道非法采砂等突出问题，确保国家最严格水资源管理制度考核、水污染防治考核和生态功能区恢复“三达标”，建设岸线、排污口、垃圾、水域、水质“五清”的美丽河湖，具体目标如下。

## 5.2　水质目标

2022 年，辽河 8 个断面全部达到Ⅳ类水质标准以上。

2025 年，辽河流域水环境质量持续改善。

辽河干流水质目标清单见表 5-1。

表 5-1　辽河干流水质目标清单

| 水系 | 序号 | 干流断面 | 水质目标 | | | 水质现状 | 责任单位 | 责任人 |
|---|---|---|---|---|---|---|---|---|
| | | | 2019 年 | 2020 年 | 2022 年 | 2018 年 | | |
| 辽河干流 | 1 | 三合屯 | Ⅳ | Ⅳ | Ⅳ | Ⅴ | 铁岭市政府 | 辽河铁岭段市级河长 |
| | 2 | 朱尔山 | Ⅳ | Ⅳ | Ⅳ | Ⅳ | 铁岭市政府 | 辽河铁岭段市级河长 |
| | 3 | 马虎山 | Ⅴ | Ⅳ | Ⅳ | Ⅳ | 沈阳市政府 | 辽河沈阳段市级河长 |
| | 4 | 巨流河大桥 | Ⅴ | Ⅳ | Ⅳ | Ⅳ | 沈阳市政府 | 辽河沈阳段市级河长 |
| | 5 | 红庙子 | Ⅳ | Ⅳ | Ⅳ | 劣Ⅴ | 沈阳市政府 | 辽河沈阳段市级河长 |
| | 6 | 盘锦兴安 | Ⅳ | Ⅳ | Ⅳ | Ⅴ | 鞍山市政府、盘锦市政府 | 辽河鞍山段市级河长、辽河盘锦段市级河长 |
| | 7 | 曙光大桥 | Ⅳ | Ⅳ | Ⅳ | Ⅴ | 盘锦市政府 | 辽河盘锦段市级河长 |
| | 8 | 赵圈河 | Ⅳ | Ⅳ | Ⅳ | Ⅳ | 盘锦市政府 | 辽河盘锦段市级河长 |

## 5.3　生态目标

到 2022 年，水生态系统得到有效保护，初步实现生态保护与经济发展的良性互动。到 2025 年，水生态系统功能初步恢复，水资源、水生态、水环境统筹推进格局基本形成，为实现美丽辽宁提供保障。

## 5.4 防洪目标

辽河福德店至石佛寺农村段达到50年一遇防洪标准，石佛寺至盘锦农村段达到100年一遇防洪标准，铁岭城市段达到100年一遇防洪标准，盘锦城市段达到200年一遇防洪标准。辽河干流重要河段防洪目标清单见表5-2。

表5-2 辽河干流重要河段防洪目标清单

| 水系 | 序号 | 河段 | 现状防洪标准（年一遇） | 规划防洪标准（年一遇） | 责任单位 | 责任人 |
|---|---|---|---|---|---|---|
| 辽河 | 1 | 福德店—清河口段 | 30 | 50 | 沈阳市政府、铁岭市政府 | 辽河沈阳、铁岭段市级河长 |
| | 2 | 清河口—石佛寺农村段 | 20 | 50 | 沈阳市政府、铁岭市政府 | 辽河沈阳、铁岭段市级河长 |
| | 3 | 铁岭城市段 | 20～100 | 100 | 铁岭市政府 | 辽河铁岭段市级河长 |
| | 4 | 石佛寺—盘锦农村段 | 20 | 100 | 沈阳市政府、鞍山市政府、盘锦市政府 | 辽河沈阳、鞍山、盘锦段市级河长 |
| | 5 | 盘锦城市段 | 20～200 | 200 | 盘锦市政府 | 辽河盘锦段市级河长 |
| | 6 | 盘锦下游河口段 | 无堤 | 200 | 盘锦市政府 | 辽河盘锦段市级河长 |

## 5.5 水量调控调度

近年来，随着辽河保护区各河段用水量逐渐增大，辽河保护区内水库、闸坝等水利工程也随之建成，但水利工程下泄无法满足部分河段的生态基流已成为不容忽视的问题。河道生态流量难以得到保障，在一定程度上影响了河流的正常生态功能和群众的生产、生活。河流自然形态状况中，影响最大的是水文水质指标，反映出辽河上游在水量分配调控方面对农业生产以及生态用水保障不足。针对这个问题，对河流基流、地下水开采、调水工程总体对辽河水量进行系统规划分配，结合闸坝、水库联动的储蓄水功能，提升辽河保护区的水资源利用率。河道基流保障问题的本质是河流来水、取水与河道基流之间的失衡。针对流域水量水质现状，为了保护河流水生态环境，推动水资源科学、合理、有序开发和可持续利用，加强生态流量综合监管，亟须制定辽河重要控制断面生态流量与重要水工程下泄生态基流的监测评价制度。一是要合理确定河道基础流量，二是结合流域用水情况，主要是农业用水量大、生态用水缺乏、地表地下水力联系密切等水环境特点，解决流域水资源多目标统筹调控问题。“十一五”“十二五”时期各流域研究在水量综合调控方面主要是形成了河流水质水量联合调度技术成果，提高了生态流量保障程度。下一步应重点关注河流湖泊断流干涸现状，按照“只能改善、不能变差”“生态保护优先”的原则，逐一明确清单中各河湖生态流量（水位）底线要求；针对辽河保护区不同年份间、丰枯水期供水问题，在河流水文情势分析和“分型、分期、分段、分级”生态需水量计算的基础上，应用河流水质水量耦合模型，优化水量时空调控调度。

“十二五”期间，辽河保护区在干流新建了 16 座生态蓄水工程并运行，使保护区内河道水量保持在 1.4 亿 $m^3$ 左右，比“十一五”期间增加了 1 倍，增加了生态水量，保障了水质稳定达标。然而，干流上的 16 座橡胶坝导致水生生物廊道阻隔，河流的自然形态和水文条件被改变，河流连续性发生变化，影响了辽河干流生态系统功能及水生态系统健康，亟须开展基于河流廊道功能修复的干流闸坝调整方案研究，为辽河保护区健康河流修复提供技术支撑。辽河干流及上游区域过去修建的水利设施在设计、运用中较少考虑河流生态用水，因此干流生态问题一直十分突出。辽河保护区生态恢复需要从生态水量保障入手，尤其需要从区域层面提出水工程优化调控对策与措施，形成适用河流健康需求的生态水量管理方案。

对于上游已建有水利工程设施的，应根据已有调度方案或环境影响评价等相关技术要求，结合实际，对辽宁省沈阳市、鞍山市、铁岭市、盘锦市等地的省直属水库进行联合调度，充分发挥水库和中部城市供水工程等控制性作用，合理安排闸坝下泄水量和泄流时段，保障主要河流生态基流。应重点关注冰封期生态流量保障程度低的问题，特别是调控能力较弱的问题，包括部分水库在冬春季节只蓄不放造成下游生态流量不足的问题。

对于上游无水利工程设施的，生态流量满足程度低的，要充分考虑污水处理、中水回用、雨水收集及水源涵养等多项措施，增加下游生态水量；对于上游有取水的，要合理调整生活用水、生产用水、生态用水结构，提高下游生态保障程度。

辽河保护区过往水量使用情况反映出由于丰枯水季的波动，农业用水保证率较低，多年平均弃水量较多，通过对清河、柴河两座水库的供水与引水联合调度，目前弃水量应用到了改善农业和生态供水之中，进而提高了农业和生态供水的保证率。

应从辽河流域总体角度出发，通过闸坝联合调度及水库的联合供给来满足下游灌区的整体农业用水需求。

### 5.5.1　辽河干流橡胶坝调度

橡胶坝的建设应充分考虑两岸的防洪安全，以主河槽坝建设为例，坝高应与低滩高程相近，坝宽与原河道一致，正常蓄水位低于两侧岸坎，蓄水范围在主河槽内，坝底板高程按现状最深河底控制。等别为Ⅴ等，建筑物级别为 5 级，设计洪水标准为 5 年一遇。设计地震加速度为 0.05 g，相应地震基本烈度为Ⅵ度。辽河保护区目前有 16 座橡胶坝和 2 座潜坝，通过实施水环境综合治理和石佛寺水库调整运行方式以及现有盘山闸的拦蓄，目前蓄水量超过 7 000 万 $m^3$。通过优化闸坝调度，不仅可以提高农业和生态供水的保证率，同时可以提高辽河廊道生态修复功能，满足净化水质、维持生物多样性的需要。建议闸坝优化调控措施如下

（1）闸坝日常运行调度

向坝袋充水前，应关闭坝袋顶部的排气孔，待坝袋充至 1/2～2/3 坝高时再打开排气孔，待气体排尽后再关闭排气孔。向坝袋充水时，应明确是否打开或关闭闸门、注水泵在操作时现场应有人观测，发现问题及时处理。坝袋排水时，当坝袋内水位无法自由流出时需启动强排泵。

（2）及时掌握水情，科学调度

辽河保护区平水期为 4—5 月及 10—11 月。河流生态流量应能够满足春耕播种、作物生长、稻果成熟及部分水生动物产卵育幼等用水需求及水质达标，维持河流生态系统基本平衡；丰水期为 6—9 月。河流生态流量应能够满足河道原有生物群落的栖息繁衍、携沙冲淤、水质净化、河流自然及社会功能健康发育等，同时流量应保证岸线不被冲刷及堤防安全等。汛期应加强同上下游水文站、水库及橡胶坝站通信联系，根据气象和水文预报，在上级部门指导下，采取安全保护措施。如遇有较大流量洪水应提前联合调度，及时通知相关单位，按先下后上顺序充坝、坍坝，确保坝袋及涉河作业活动安全。冰封期为 12 月至次年 3 月，受气候及纬度影响，各流域冰封期略有不同。存在冰封期的河流，要统筹生活生产和生态保护用水需求，河流上游区域重点确定除冰封期外的生态流量。保障坝袋前除冰、充水坝袋水位控制（一般是设计水位的 70%～80%）、充水坝袋保证有一定过流水深，以及组织、设备、器材、安全保障措施等，冰封期不可调节坝高且橡胶坝冬季运行要有一定的流量，达到坝顶溢流，坝顶才不至于结冰。河道也不要出现增流现象，以免将已封冰的冰面顶起，形成冰排划伤橡袋。因此需要合理设定橡胶坝冬季运行坝袋高度，一般宜选择最大坝高的 80%运行。橡胶坝挡水期间，遇高温季节为降低坝袋表面温度，可根据来水情况可适当降低坝高。

（3）橡胶坝联合调度运用原则

1）橡胶坝坝顶溢流水深按不超过 0.3 m 控制。超过 0.3 m 时，应开始均匀坍坝。

2）采取预蓄预泄法调度。坍坝运行可根据上游来水量的大小采用是单跨坍坝还是多跨坍坝运行。为保证下游坝的安全，可根据流量大小查传播时间曲线，保证在上边流量还未到达下个橡胶坝之前，缓慢地降低坝高。

3）橡胶坝运行管理实行调度令制。出现水文及气象情况变化，橡胶坝出现不利的运行工况，需要改变橡胶坝运行状态的其他情况等，由市级主管部门签发调度令，橡胶坝运行管理机构按调度令执行。

4）主汛期所有橡胶坝坍坝运行，充、坍坝原则上按先下游后上游的顺序进行。橡胶坝启坝蓄水前 24h 市局应通知下游地区。坍坝泄水前 24h 市级主管部门应将泄水量大

小及泄水影响范围通知下游地区有关部门做好安全防范工作，并应在泄水影响范围内发布通告做好巡查巡视工作，避免造成人员伤亡和财产损失。当连续多个橡胶坝泄水且影响范围较大时，在泄水前应事先向省级主管部门报告。

5）干流 16 座橡胶坝各相距一定距离，汛期应统一调度，指挥中心根据上游来水情况负责沟通调控各橡胶坝的运行状况。

6） 改造盘山闸，增设鱼道。因盘山闸的修建，江海洄游性鱼类洄游通道受阻，应结合辽河干流防洪提升工程对盘山闸进行改造。在辽河主河槽左岸现有船闸与核心岛之间布置 1 处鱼道，全面改善盘山闸生态状况。

（4）联合调度方法的实现

第一步，各橡胶坝之间采用流量控制。建立各坝充坝溢流、单孔坍坝和多孔坍坝溢流“水位—泄量”关系曲线，建立各坝间流量传播时间关系曲线。根据上游流量的大小及传播时间决定下游坝应采取的运行方案。

第二步，根据辽河大断面资料计算辽河干流橡胶坝各区段的蓄水量。根据各区段特性参数制作各区段“水位—面积”、“水位—容积”、区段出口不同调度模式的泄流曲线，根据用水量平衡原理通过预蓄预泄进行调控。辽河干流闸坝蓄水情况统计表见 5-3。

表 5-3 辽河干流闸坝蓄水情况统计

| 序号 | 名称 | 区（市、县） | 与上游闸坝距离/m | 回水长度/m | 蓄水量/$m^3$ | 蓄水面积/$m^2$ |
|---|---|---|---|---|---|---|
| 1 | 福德店潜坝 | 昌图县 | | 2 300 | 30 | |
| 2 | 三河下拉潜坝 | 昌图县 | 43 700 | 3 500 | 40 | |
| 3 | 和平橡胶坝 | 法库县 | 8 400 | 10 800 | 324 | 163.08 |
| 4 | 通江口橡胶坝 | 法库县 | 5 600 | 6 200 | 32 | 34.72 |
| 5 | 五棵树橡胶坝 | 开原市 | 23 500 | 12 820 | 148 | 135.00 |
| 6 | 老边橡胶坝 | 开原市 | 13 600 | 9 210 | 138 | 74.23 |
| 7 | 平顶堡橡胶坝 | 铁岭县 | 12 000 | 13 000 | 286 | 236.79 |
| 8 | 双安桥橡胶坝 | 银州区 | 9 100 | 6 200 | 155 | 73.78 |
| 9 | 新调线橡胶坝 | 铁岭县 | 26 700 | 6 900 | 168 | 102.81 |
| 10 | 石佛寺水库 | 沈北新区 | 28 000 | 6 000 | 1 882 | |
| 11 | 七星山橡胶坝 | 沈北新区 | 10 700 | 7 970 | 285 | 121.06 |
| 12 | 马虎山橡胶坝 | 新民市 | 19 500 | 5 500 | 35 | 75.35 |
| 13 | 巨流河橡胶坝 | 新民市 | 23 300 | 14 700 | 168 | 221.24 |
| 14 | 毓宝台橡胶坝 | 新民市 | 18 400 | 16 400 | 284 | 195.16 |
| 15 | 满都户橡胶坝 | 辽中区 | 53 300 | 12 600 | 109 | |
| 16 | 本辽辽橡胶坝 | 辽中区 | 9 700 | 14 270 | 488 | 333.17 |
| 17 | 红庙子橡胶坝 | 台安县 | 10 700 | 8 340 | 166 | 82.57 |

| 序号 | 名称 | 区（市、县） | 与上游闸坝距离/m | 回水长度/m | 蓄水量/$m^3$ | 蓄水面积/$m^2$ |
|---|---|---|---|---|---|---|
| 18 | 大张桥橡胶坝 | 台安县 | 29 600 | 8 930 | 211 | 81.26 |
| 19 | 盘山闸 | 盘山县 | 51 700 | 11 500 | 1 339 | |
| 20 | 曙光桥橡胶坝 | 盘山县 | 21 300 | 19 100 | 1 339 | 382.00 |
| 合计 | | | | 196 240 | 7 627 | |

部分橡胶坝图见 5-1～图 5-10。

图 5-1　福德店潜坝

图 5-2　和平橡胶坝

图 5-3　七星山橡胶坝

图 5-4　马虎山橡胶坝

图 5-5　毓宝台橡胶坝

图 5-6　满都户橡胶坝

图 5-7　本辽辽橡胶坝

图 5-8　红庙子橡胶坝

图 5-9　大张桥橡胶坝

图 5-10　曙光大桥橡胶坝

## 5.5.2　清河、柴河运行调度

对于考虑生态供水的水库而言，其各年库容变化过程与传统供水水库略有不同，主要是由于存在生态供水与农业供水复用的情况，农业供水的高峰期为历年的 5—8 月，水库主要根据农业供水量进行泄流，由于该段时间生态供水量相对较少，即便农业限制供水也能够保证生态的最小供水量，因此农业供水出现破坏的时主要集中在 5—8 月，经统计，发生农业供水破坏的年份为 1982 年、1989 年、1992 年、1997 年、1998 年、2000 年、2002 年、2003 年，可以发现这几年均为来水较少的枯水年，与实际情况相符，但通过联合优化调度，这几年均没有出现农业供水被深度破坏的情况。聚合水库生态供水出现破坏的时段主要集中在 9—11 月，由于该时期灌区农业需水量远小于生态供水量，即便生态限制供水也能够保证农业的正常供水，因此该段时间不会发生农业供水破坏的情况，虽然生态供水发生破坏的时段较多，但没有出现深度破坏的情况，对于其他时段，水库均能够提供维持下游河道基本生态功能的生态供水量，可见优化调度生态效益显著。

清河、柴河两座水库的供水与引水联合调度方案如图 5-11 所示。

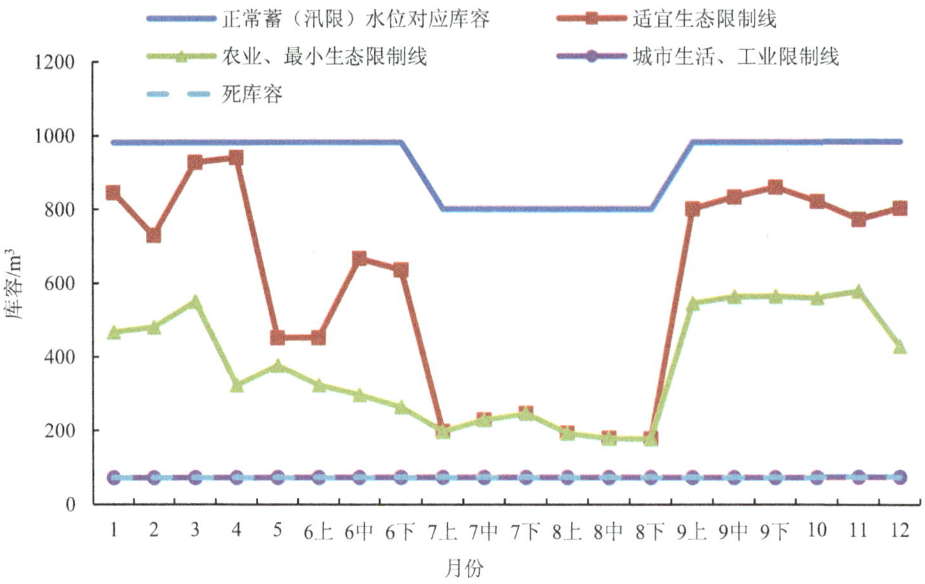


**图 5-11 清-柴聚合水库供水调度方案**

在保证防洪安全的基础上，建议清河、柴河水库运行策略为：

（1）当总库容处于适宜生态供水区时（Ⅰ区）

清河、柴河水库根据各自的城市生活及工业供水量正常供水，考虑农业供水与生态供水的复用性，取农业供水与适宜生态供水 2 项指标的最大值进行放水，各水库的放水量根据各库月初蓄水量按比例分配。

（2）当总库容处于最小生态供水区时（Ⅱ区）

两个水库城市生活及工业正常供水，取农业供水量与最小生态供水量中的最大值进行放水，各水库放水量根据各库月初蓄水量按比例分配。

（3）当总库容处于农业、生态限制供水区时（Ⅲ区）

两个水库城市生活及工业正常供水，农业、生态限制供水，取 2 项限制供水指标的最大值放水，各库放水量根据月初蓄水量按比例分配。

（4）当总库容处于城市生活及工业限制供水区时（Ⅳ区）

城市生活及工业限制供水，农业、生态不供水。在研究水库群联合调度的过程中，由于考虑了引水工程，增加了水库群的整体调配水量，再加上两座水库城市生活及工业供水量所占供水比例较小，因此，经过优化调度后，并不存在城市生活及工业供水出现破坏的情况，导致供水调度图中的城市生活及工业供水限制线与死库容线完全重合。清河、柴河聚合引水方案如图 5-12 所示。

清河、柴河水库引水策略为：

1）当总库容位于不引水区时（Ⅴ区），两水库均不引水。

2）当总库容位于比例引水区时（Ⅵ区），按照面临时刻满引水线和不引水线的相对位置插值确定引水总量，根据各水库月初蓄水量按比例分配引水。

3）当总库容位于满引水区时（Ⅶ区），按照引水工程的最大引水能力引水，根据各水库月初蓄水量按比例分配引水。

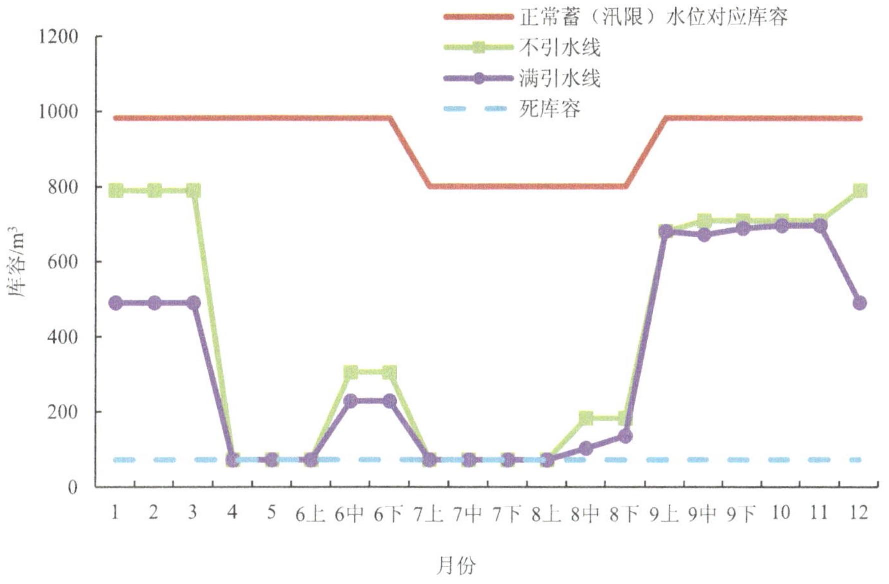


图 5-12　清河、柴河聚合引水方案

## 5.5.3　石佛寺水库调度

石佛寺水库（图 5-13）的生态调度是指在满足防洪安全的前提下，依水库蓄水试验应急防护工程和库区生态建设需要，适时开展灵活的生态调度，生态调度一般控制水位为 46.20 m。

图 5-13　石佛寺水库

7月上旬至9月上旬末发生洪水期间水位控制在46.20 m；发生洪水期间通过水情测报，根据不同量级洪水进行预泄实时调度，满足滞洪水库的防洪要求，按照初设批复方式进行调度运性行，具体预泄方式为：当铁岭站洪峰流量达300 $m^3/s$时水库按800 $m^3/s$预泄；当铁岭站洪峰流量达400 $m^3/s$时水库按900 $m^3/s$预泄；当铁岭站洪峰流量达500 $m^3/s$时水库按1 000 $m^3/s$预泄；当铁岭站洪峰流量达600 $m^3/s$时水库按1 100 $m^3/s$预泄；当铁岭站洪峰流量达700 $m^3/s$时水库按13孔闸门全开敞泄运行；当铁岭站洪峰流量达700 $m^3/s$以上时水库13孔闸门全开，按原滞洪方案运用。

在保证防洪安全的基础上，水库运行策略为

1）水库生态调度的核心任务是协调社会经济与生态环境之间的关系，通过合理调配各项用水最终达到“双赢”的目的，可以说，水库生态调度是我国坚持“可持续发展”战略的一项重要体现。应采用水库、地下水、调水等来水控制及用水需求保障为主要调控手段的管理技术。水库应采取措施保障下游河道生态流量，控制河道减水程度，防止河道脱流，充分发挥河段生态自然修复功能的作用。正常情况下，水库下泄流量应不小于其坝闸下游河道生态流量。创新水资源“调、蓄、用”平衡调控模式，实现区域水资源“三水”（地表水、地下水、再生水）联动，有效解决河道基流季节性不足问题。

2）应根据河流年内各时期水文情势特征及水、陆生生物不同生活史阶段对水量的需求在年内呈现的不同分期特征，对河流生态流量进行分期管理。坝址处天然来水流量小于等于规定生态流量时，应按天然来水流量泄放。

3）对不满足生态流量下泄要求的水库，应采取有效措施保障生态流量泄放。选择生态流量泄放措施应遵循安全可靠、因地制宜、技术合理、经济适用的原则。水库应根据已确定的坝下游河道生态流量，结合工程实际制定坝下游河道生态流量泄放方案。

4）水库管理部门应当加强对生态流量泄放设施和监测监控设施的管理和维护，保障其持续正常运行。设施出现异常时，应当立即向具有管辖权的水行政主管部门报告，并限期修复。

5）安排专项资金用于水库生态流量确定、泄放设施或生态修复方案设计、生态流量监管平台建设维护、生态调度相关技术方案研究等。提高水库标准化管理水平，积极总结生态流量监管经验。

6）应充分考虑水库对下游群众生产生活、生态环境造成的影响，选择合理时机和生态友好的蓄水方案，并优先考虑采用专用泄放设施下泄生态流量。

7）各级水行政主管部门应当依据各自职责，加强对水利工程落实生态流量的监管，定期开展水库生态流量专项检查，定期公开水利工程生态流量泄放情况，加大对违规项目的曝光力度，鼓励和支持社会公众监督水利工程生态流量泄放情况，确保水利工程持续将生态流量落实到位。

## 5.6 河岸带管理

河岸带生态系统具有保护河流水质、保护生物多样性、为野生动物提供栖息地以及为人类提供丰富的景观产品服务等一系列的环境、社会和经济功能。河岸带作为河流生态系统与陆地生态系统的过渡带，是河流生态修复的前提。因此，在河流的治理中，对于河岸带的修复与治理也是不容忽视的。辽河保护区在生境恢复方面应用最多的关键技术是湿地网格构建。针对辽河保护区河流域生态破碎化和河滨带截污减排与生态净化功能退化问题，应以重要生态节点为连接点，基于最小累积阻力模型，规划多条相互连通且具有一定宽度的生态廊道，形成“点—线—网—面”结构的生态廊道网络布局，加强建设，重点保护生态廊道上的植被与水生态环境，将破碎化的生态源斑块连接起来，促进物质和能量的循环与流动，增加生态格局的空间连通性和功能连通性，改善流域生态环境和保护生物多样性。其中主要形成了支流汇入口湿地重建关键技术、牛轭湖湿地构建关键技术、坑塘湿地构建关键技术三大体系，获得了极好的污染控制及生态恢复效果。

对于辽河保护区河岸带自然生境的恢复主要包括两方面内容：一方面是根据辽河的地域、自然、气候等特征，明确辽河河岸带自然生境恢复过程中出现的诸多新问题或新的影响因素，阻碍其持续良性恢复进程等，了解辽河保护区河岸带生境恢复及发展的现状，明确其河岸带自然生境恢复的特点；另一方面是辽河保护区目前仍存在河岸带坡体失稳、水土流失、面源污染、外来物种入侵等问题以及河岸生态功能、河岸带土地利用结构仍需进一步提升的现状，针对这些辽河河岸带自然生境恢复出现的问题，研发提升河岸带稳定功能、缓冲功能和生物多样性功能的自然生境恢复关键技术，提出解决这些问题的方法，尽可能恢复和重建退化的河岸带生态系统，保护和提高生物多样性，制定适宜辽河保护区河岸带生境恢复的方案。

### 5.6.1 河岸缓冲带污染阻控技术

根据已有的研究成果，不同的生态系统需要不同的河岸带宽度来维持健康[118-119]，植被在15 m宽时对N、P污染物的拦截效最好，某些鸟类多样性的维持需要75～175 m，而某些鸟类多样性维持需要300 m，保护生物的多样性需要400～500 m的宽度，故可以500 m的敏感区域为核心，确定生物多样性的规划用地[120]。

根据不同宽度对N、P的阻挡作用和不同宽度内生物的生存空间要求[121]，分别设计不同的植被类型，针对不同的河岸带不同宽度内的需求，分别种植不同的植被类型，草木樨对N、P的去除率较好，TN和TP的平均去除率分别为69.73%和51.85%，对已有的耕地，实行退耕还林还草技术，在考虑人工成本的情况下[122]，实行退耕还林还草技术，是一种更方便的模式，同时采用对N、P去除能力较好的植物（黑麦草、小冠花、蒿草、杞柳、紫穗槐等）和植物组合模式（灌+草）人工添加生物炭、沸石等材料构建与植物生长相适应的基质改良；采用活枝扦插技术，种植杞柳或柽柳，可以有效稳定地表、改善土壤结构、有效控制水土流失、截流污染物。

## 5.6.2 河岸边坡稳定技术

河岸边坡稳定技术是指通过生物、生态及工程和管理手段，重建受破坏的河岸边坡生态系统，恢复其固坡、截污等生态功能。河岸边坡稳定是河岸带生态修复的重要组成部分，它影响着河流的稳定性及泄洪能力。

长期以来，国内外在河岸防护工程中多采用浆砌或干砌块石、现浇混凝土、预制混凝土块体、模块混凝土等的传统护岸形式。这些技术可以发挥城镇河道的行洪、排涝以及水土保持功效，并且具有稳定性好、节省土地、施工机械化程度高等优点。但传统护岸技术忽略了河道的水生生态系统的平衡，对河岸的自然景观环境和生态环境都会产生影响，在一定程度上破坏河流的自然功能，造成水体与陆地环境恶化和生态破坏，甚至严重威胁人们赖以生产、生活的生态环境。在自然景观环境上，传统护岸由于河道断面整齐、河道走向笔直且材质坚硬，河道缺乏灵性，失去了原有的生机。后期发展起来的生态护岸技术主要有自然生态型修复模式、景观生态型修复模式和工程生态型修复模式。

（1）自然生态型修复技术

自然生态型修复是选择适宜于滨河地带生长的植被种植在河道岸顶、坡面和水边，利用植物的根、茎、叶来固岸。应根据辽河保护区的地形特点和水文条件，对植物结构和栽植方式做一定的改造，可以采用土壤生物工程法，利用木桩与植物梢、棍相结合，植物切枝或植株及其他材料相结合，乔灌草相结合，草坪草和野生草种相结合等技术防止侵蚀，控制沉积，同时为生物提供栖息地，有效维护河道的自然特性。但由于河岸带有一定的坡度，因此坡面自上而下土壤的含水率相差较大，土壤保墒能力差异大，处于坡顶位置的土壤含水率较低，不利于植物生长，河岸边坡垂直分布上就会呈现出从下而上覆盖度越来越低的现象，或出现“斑块化”，不利于护坡景观的美化，更不利于护坡水土保持。

（2）景观生态型修复

景观生态型修复主要是为满足人们对景观、休闲和环境的需求，构筑具有亲水功能的景观河岸，营造人与自然和谐的氛围。在确保防洪和人类活动安全的同时，河岸带的修复需要与景观、道路、绿化以及休闲娱乐设施相结合，这种修复方式称为景观生态型修复模式。但是，这种修复模式的实施前提是要规划和设计人员要具有良好的美学素养，要对当地的人文历史有全面的了解。可在辽河保护区内景观舒适度较好的河段采用景观生态型河岸修复，实现河流景观价值。

（3）工程生态型修复

工程生态型修复模式主要用于冲刷较严重、防洪要求较高的河段，当单纯采用自然方法难以满足防洪安全要求时，必须采用一些工程措施，才能有效保护河岸的结构稳定性和安全性，同时还必须采用生态措施，维护好河岸的生态环境。这种修复模式称为工程生态型修复模式。工程生态型修复模式不仅要种植植被，还需采用天然石材、木材护底。在坡脚设置各种种植包，采用石笼或木桩等护岸，斜坡种植植被，实行乔灌结合。目前在我国，不论是生态护岸的材料选择，还是其效果、机制研究都仍处在探索阶段。

辽河保护区河岸边坡以砂质土壤为主，大部分农业流域河岸带无边坡防护措施，河岸边坡侵蚀、冲刷、水土流失严重。现有的护坡技术措施主要是以抛石护岸、浆砌石护岸、混凝土护岸及三维植草护岸为主。辽河河岸带植被类型相对单一，以自然演替初期的中生植物群落为主，草本植物占 90%以上；灌木主要以旱柳、杞柳、杨树等为主；河岸缓冲带的宽度均大于 10 m。大部分河岸带中设有管理路，介于河道与农田之间，辽河河岸带入侵植物主要以三裂叶豚草、苘麻、加拿大蓬等为主，其中三裂叶豚草入侵最为严重。裸露的岸坡稳定性较差，岸坡是从河岸到岸上的过渡地带，最初的护岸技术均以工程护岸为主，如浆砌或干砌石护坡、现浇混凝土护坡、预制混凝土体护坡、挡土墙护坡等，同时在岸坡种植植物与其他护坡技术结合，以减少水土流失。

本章边坡稳定技术共有 3 种。第一种是生物工程护岸技术与传统硬式护岸相结合，这种生态护岸技术将活性植物与工程措施相结合（石笼护坡脚技术、活体木桩+浆砌石块技术、植生基质+石笼技术等），用水泥桩浆砌石块，达到在复杂地质条件下的固坡作用，加上活枝柴笼捆插和活枝扦插土壤生物工程技术，依靠锚杆、植生基质、复合材料网和植被的共同作用，达到对坡面进行修复和防护的目的，该技术适用于河岸侵蚀比较突出的坡岸[122]。

第二种是格宾护坡，是将特种钢丝或铅丝编织成双绞、蜂巢形网等形式的格网片，根据工程设计要求裁剪、制作成网格状箱笼并装入块石等填充料后连接成一体，用作河道岸坡、高填路基等土坡防护工程[123]。坡上可植绿，增添景观、绿化效果。该技术作为护堤工程，抗冲刷能力较强、工程造价低、美观实用，与传统护坡相比，在岸坡防护上可以节省大量投资。

第三种是使用大量的可以迅速生长新根的本地木本植物，如利用这些存活的植物体（主要是枝条）以“点—线—面”的种植方式对整个河岸带进行修复。这类护岸技术（复合材料网+植被种植技术、活枝柴笼孔插技术、土工布+灌柳层插技术、植被组合密植扦插技术等）主要使用可以迅速生长新根的本地木本植物，最常用的木本灌木和乔木有柳、杨、山茱萸，这是一种恢复岸坡形态接近原始河岸形式的技术，这种方法与德国瑞士等欧洲提出的“自然型护岸”技术类似，我国学者也对该方法进行了研究。

### 5.6.3 开展水域岸线保护与利用

辽河干流岸坎情况千差万别，上游与下游、凹岸与凸岸情况各不相同，各地区来水来沙、岸坎条件各不相同，应按照因地制宜、生态优先治理的原则，针对不同河段、不同岸线类型，选择合理的生态治理模式，确保岸线稳定和生态尽快恢复。辽河干流陡坎长度 624 km，占岸线总长的近 58.65%，石佛寺—盘山闸段更是超过了 70%。辽河干流共有较大弯道 156 个，可见辽河干流河道演变不仅表现为弯道的演变，过渡段以及顺直段的发展同样不能忽视，从传统意义上的整治河流主要整治弯道的观点出发是不可能从根本上稳固住辽河河势，进而改善辽河生态环境的。要想真正治理辽河，治好辽河，恢复辽河生态，改善辽河沿岸生态环境，就需要对辽河从上至下包括河道两侧岸坎（尤其是陡坎）、滩地砂坑进行系统的治理。对于部分容易塌方地区进行河道整治，建设生态型护岸，可以采用水利连通的方法，新建和贯通坑塘，保持河流连续性，控制湿地水位，退耕还林、还草。在回水段湿地中形成沙心洲，为动植物提供良好生境，对于恢复生物多样性和保护河流湿地有重要意义（图 5-14）。

图 5-14 抛石护岸

### 5.6.4 严厉打击非法采沙行为

辽河干流上段长期以来一直有采沙活动。由于长期挖沙，留有大量面积不等的沙坑。辽河沙坑主要分布在清河口至马虎山段，沿途 100 km 左右河道上沙坑数量众多，很多已形成水面。针对非法采砂等问题，各级水行政主管部门严格执行《辽宁省河道采砂管理实施细则》，严格执行河道采砂规划、计划和许可制度。强化检查巡查和监督执法，持续开展河道非法采砂问题整治行动，同时对流域内乱占、乱采、乱堆、乱建等问题进行排查（图 5-15、图 5-16）。

图 5-15　采沙-1

图 5-16　采沙-2

## 5.6.5 严禁放牧

虽然辽河保护区严禁放牧，但调查发现，仍有放牧现象存在。针对河道断流和过度放牧引起的湿地植被退化问题，可在人为活动较频繁、易对动植物生存环境产生影响的地区以及需要隔离动物种群的地方设置围栏，采取天然灌草封育保护技术。采用铁丝网围栏对湿地灌草植被进行封育保护。为了定量分析围栏封育对于植被保护的恢复效果，对退化原生灌木进行定点监测，对围栏内外的典型草本群落进行样方调查，调查内容包括物种组成、郁闭度、地上生物量（鲜重、干重）、土壤表层重量含水量等（图 5-17～图 5-20）。

图 5-17　河岸带放牧-1

图 5-18　河岸带放牧-2

图 5-19　河岸带放牧-3

图 5-20　河岸带放牧-4

### 5.6.6 植被恢复

要提高辽河干流的生态系统稳定性，提高生物多样性，首先应该增加干流区域植被数量和种类，提高干流区域生态环境质量。流植被恢复应遵循因地制宜、统一规划、协调一致的原则。在植物种类选择上以土著种为主，兼顾外来种。在天然植被稀疏的地段实行保护措施，提高植被盖度，促进天然植被恢复和自然生境改善，对湿地保护类型区内所有森林、灌木及草本植物都要严格封禁，对湿地草场要严禁放牧。对保护区内具有天然下种能力且分布均匀的乔、灌木区域，应进行封育，加快植被恢复。乔木树种包括新疆杨、垂柳、刺槐、速生杨、火炬树、家榆、五角枫等，灌木包括杞柳、连翘、榆叶梅等。种植芦苇、荷花等水生植物，紫花苜蓿等地被花卉。乔木采用自然式组团栽植，所有乔木均带冠，灌木要求品字形栽植，地被植物要求达到满铺效果。

对于自然保护区的天然植被应进一步加大保护力度，严格执行与天然植被保护相关的政策法令，对天然植被全部采取封育措施。选择人为破坏严重、天然恢复困难的地段，实行植物资源恢复工程，同时，建立相应的种苗基地，有计划地选育乡土植物，进行驯化、繁育和种植实验，加快植被恢复的进程。乔、灌、草一体的河谷地段和茂密的芦苇荡，是野生动物栖身和繁衍最为理想的场所，所以要特别注意保护好湿地内现有的天然次生林、灌丛和芦苇沼泽，并且要用封育的方式，尽可能增加天然次生林、灌丛和沼泽植被资源。结合当地的实际情况，根据现有植被的分布情况及立地条件的不同，划分为乔灌型、灌木型、灌草型等封育类型。根据封育区条件和封育目的，确定封育年限为乔灌型 6 年，灌木型 5 年，灌草型 4 年。主要在绕阳河、小柳河等主要河流适宜的河岸带补植植被，模拟自然植被的群落结构，同时保证一定的林带宽度以稳定河势，并保持和提高源头径流能力与水源涵养能力，保护生物多样性和保持水土，并形成和谐有序、稳定多样的近自然景观，确保生态系统的良性发展。

### 5.6.7 生物多样性优化配置

部分河岸带植被种类较为单一（图 5-21）。针对该问题，可通过对集净化功能与生态景观效果于一体的寒地功能性植物的筛选，根据不同需要进行合理的生物多样性优化配置，在保持滨水缓冲带岸坡面稳定基础上，增加区域植被数量和植被种类，构建拟自然状态的河岸带植物群落，提高区域物种多样性，改善滨岸缓冲带的空间结构和生态系统功能，提升缓冲带污染物截留能力，提高生态环境质量。

图 5-21　河岸带植被单一

### 5.6.8　退耕还河

近年来，为了保护流域生态，辽河实施了退耕还河、建设自然保护区等一系列保护措施。到目前为止，辽河流域共退耕还河 88 万亩，2010 年以来，在河流横向 1050 线范围对辽河干流部分河滩地实施了退耕封育，共封育河滩地面积 62.4 万亩。辽河干流建成自然保护区、国家湿地公园共 10 处。辽河保护区对辽河干流和部分支流实施了河道退耕封育的治理措施，河道生态环境明显改善，生物多样性显著恢复，辽河 538 km 的生态廊道全线贯通。辽河干流生态封育工作应尊重自然、顺应自然、保护自然，以自然修复为主、人工干预为辅，形成大尺度的生态廊道。辽河保护区成立以来，全面开展退耕（林）还河和生态封育，有效改善了保护区的生态环境，提高了河滩地植被覆盖率，恢复了河道自然生态，封育区植被覆盖率达 90% 以上。因此，巩固辽河退耕（林）还河和自然封育成果，对辽河干流除水田、护堤林、防风固沙林以外的河滩地实施退耕（林）还河意义重大。

辽河保护区现有退耕还河应以河滩地为基础，继续推动辽河保护区干流及部分支流的封育，加快生态恢复，以恢复河流生态完整性为目标和出发点，根据辽河保护区现有湿地特征，形成不同规模、错落有致的湿地，构成具有自我修复功能的河流湿地生态系统，维持湿地生态系统的功能。由于辽河保护区内湿地面积较大，且湿地类型丰富，因而削减了入河污染负荷，增强了水体自净能力，改善了河流水质，同时发挥其水源涵养、调洪蓄洪、气候调节、生物多样性维持、景观多样性等多重作用，成为野生动植物、鱼类和鸟类的栖息地。

辽河干流河道内河滩地面积（不含石佛寺水库库区）124 万亩，未来，应进一步落实辽河干流除水田、护堤林、防风固沙林以外的 47 万亩河滩地的退耕（林）还河任务，继续实施退耕还河、生态封育。通过采取划定封育范围、明确工作责任、落实专项资金、开展巡查督导、加强封育管理、进行考核评比等一系列管理举措，确保生态封育效果。结合实际，统筹处理好辽河上下游、左右岸、干支流关系，一级支流河口封育范围上溯，与支流回水堤整治范围一致，同步封育。应全面畅通防洪生态廊道，恢复水生态系统功能，改善生态环境质量，使生态系统呈现良性循环趋势，实现岸绿、水清、鱼游，初步实现生态保护与经济发展良性互动。

### 5.6.9 辽河保护区路网建设

保护区路网划范围为福德店—河口。规划建设堤顶路 775.912 km，其中左岸 369.433 km、右岸 388.132 km，通过堤防达标建设拓宽现有堤防堤顶宽度，在无堤段设计洪水位以上建设贯穿两岸上下游的三级公路。道路全长 752.172 km，堤顶宽选定为 8 m，迎水坡坡比为 1∶3，背水坡坡比为 1∶3.5。土堤两侧各留 1 m 宽路肩，中间铺设 6 m 宽沥青路面，土堤沥青路面两侧设置路缘石。

建设时，通过开挖消除面源污染的生态沟渠所产生的土料，在旁边堆积成 0.3 m 高、5 m 宽、边坡 1∶1 的作业路，同时利用河道内的一些套堤作为管理路与控制面源污染的生态沟渠结合，形成控制面源污染、减少水土流失、方便巡查的具有阻隔带作用的管理路。

### 5.6.10 界碑、围栏、标示牌、宣传牌建设

在重点生态封育区安装围栏，避免牲畜进入和人类破坏，保证河滨带植被得到有效恢复；沿着保护区边界设置界桩，明确保护区边界；在重要区域安装标示牌以及宣传牌，介绍和宣传保护区管理规定，以提升保护区的知名度与民众的保护意识。

（1）围栏

应针对重点生态封育区设置围栏，加强管理和防护。在人为活动较频繁、易对动植物生存环境产生影响的地区以及需要隔离动物种群的地方设置围栏。近期规划采用刺丝围栏，所用材料主要是刺钢丝和支撑刺钢丝的固定柱。围栏总长度 320 km，围栏线设计安装 5 层，桩距为 10 m，桩高 1.8 m，埋深 0.5 m，每 4 个桩需用混凝土固定 1 个。

（2）界碑、界桩、标示牌和宣传牌

随着辽河保护区的划建，根据管理的有关要求，为明确保护区边界，介绍和宣传保护区管理规定，计划沿辽河保护区两侧实际边界设立界碑、界桩，在进入保护区的国道和省道入口处设立标示牌，并在柱体或支架上配置宣传标语，以提升保护区的知名度与民众的保护意识。

## 5.7　河道保护技术

河道修复分为狭义的修复和广义的修复。狭义的河道修复是指将受损不能正常行水或存在防洪隐患的河道，通过硬性的或工程的人工辅助手段使其恢复之前功能，达到防洪安全的一种修复手段。广义的河道修复是将河道看作是一个完整的河流生态系统，它不仅包括植物，还包括动物及微生物，系统内部之间以及系统与相邻系统间均通过物质能量和信息交换，具有很强的动态性。真正意义上的河道修复，应该从河流生态系统恢复的角度出发，在保证河道边坡稳定的基础上，以营造河岸及河道内生物多样性为目标，在水、土、生物之间，形成物质、信息和能量循环体系，通过良性循环，进行自我组织和自我修复，使河道修复不仅具有景观效果，还能修复受污染的河流水体，提高河流的自净能力，从而提高整个河流生态系统的稳定性。

本章针对辽河干流河势不稳、河岸/滩地侵蚀严重、河床泥沙淤积、行洪不畅等问题，已有技术以混凝土、浆/干砌石等硬性工程为主，无法满足干流泥沙污染控制与生态恢复的需求，突破传统治理方式，进行理论与集成创新，按照河道生态建设、生物栖息地建设、河势稳定、泥沙生态调控的原则，建立集防护、生态、景观为一体的辽河保护区河道综合修复关键技术。经小试控制实验、模拟实验和野外中试实验，明确不同类型植物坝、布置方式下水流流动规律，以此为基础构建了植物与硬性工程相结合的河势稳定生态控制技术；采用净水量法明确辽河干流输沙水量，并建立疏浚需水模式，经小试、中试实验形成坡脚以硬性防护为主，岸坡上部及生态岛顶部以植物防控为主的硬柔相济的技术配置，形成了以灌木柳、芦苇、香蒲、千屈菜、玉带草为关键植物的柔性与硬性工程结合的泥沙生态控制及疏浚技术。

### 5.7.1　河势稳定技术

基于植物柔性坝与水流间作用规律及防洪安全考虑，本章采用硬性工程与植物柔性工程相结合的方式，依据工程为主、植物为辅的原则，将柔性与硬性工程结合在一起，形成辽河干流河势稳定控制技术体系。

采用植物柔性坝可以很好地缓解河流水流，平稳河势；但出于防洪安全考虑，实际工程以硬性工程为主，分四种情况。

1）在平顺河道，采用石笼—台阶及平台嵌土—植草—坝间石笼消能—植物空间—生态河势控制的生态坝体技术，同时为控制河势，减少河岸冲刷，控制河岸坍塌，确保防洪安全，险工段平顺护岸的治理措施是在施工期水位以上进行削坡防护的，适合用于辽河干流50年一遇及以下洪水标准的河段及河流。

2）在河道凹凸岸坎、岸坡不稳定处，采用石笼护脚—水生植物—插柳的岸坎生态坝，植物长势较好，坝体宜采用丁坝的形式，本技术适合用于辽河干流 50 年一遇及以下洪水标准的河段及河流。

3）不稳定岸坎防护采用丁坝形式，一般以石笼丁坝护岸为主。丁坝基底采用软体沉排结合人工抛石进行护底，上部采用由二层至四层高 1.0 m、宽 1.0 m、长 2.5 m 的固滨笼筑成阶梯形石笼丁坝进行防护，排上抛石厚 0.5 m。丁坝坝体设计顶高程与现状河岸滩地平均高程齐平，坝体底层抛石设计顶高程与施工期水位齐平，两侧边坡比为 1∶1.5，坝头边坡比为 1∶2.0。石笼丁坝为下挑非淹没式，坝轴线与水流方向的夹角为 60°，丁坝纵向倾向于河心，坡度为 1%，即坝端低，坝根高。石笼丁坝采用网目 80 mm×100 mm 镀高尔凡合金钢丝网编织而成的固滨笼网箱，内砌块石。在石笼缝隙回填种植土，栽种植物（图 5-22）。

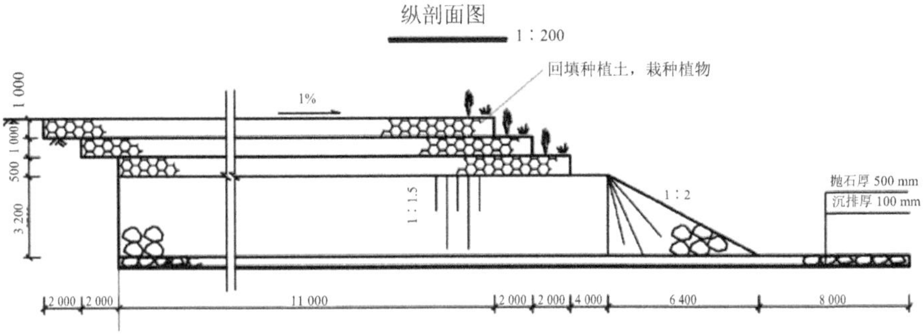


图 5-22　不稳定岸坎河势稳定生态控制技术设计案例总剖面图

4）针对没有岸坎、岸坡的河岸漫滩地水流流速缓慢、冲刷能力弱等特点，可采用在滩地枯水以上栽植植物的方式进行防护，控制泥沙进入河道。一般分层次进行植物栽植，在丰水期季节性淹没的近水区域栽植芦苇、蒲草等水生植物，营造 5 m 左右的水生防护带，在面积较大的区域可营造小片湿地，适当增加防护带宽度；在正常水位不能淹没，仅在大暴雨条件下能淹没的部分区域栽植耐性较强的乡土树种（如柳树），营造 2 m 左右的乔木防护带；在河漫滩最外侧，紧邻乔木防护带，可种植一些观赏性的耐湿植物，如千屈菜、鸢尾、孔雀草等，也可根据实际需要撒播黑麦草、结缕草等营造绿地。适用于辽河干流 10 年一遇以下洪水标准的河段及河流。

## 5.7.2　泥沙控制疏浚技术

辽河的含沙量较高，仅次于黄河、海河，在中国排第三位，本技术主要包括疏浚用水量与泥沙生态控制技术两部分。一方面，泥沙疏浚主要采用净水量法对辽河干流输沙水量从不同角度进行分析与计算，明确辽河干流输沙水量；另一方面，泥沙控制主要采用控沙植物。

对于泥沙控制主要采用以下两种方式：

1）在平顺岸坡采用硬性工程与植物相结合的方式，以提高防护效果。岸坡下坡采用硬性工程，上部采用植生工程。经对辽河干流野生乡土植物类型的考察研究，确定灌木柳、芦苇、香蒲为消落带防护植物配置的关键植物，鸢尾为辅助景观植物；同时结合对不同植物类型消落带固沙效果的研究，结果混合型植物消落带固沙作用最佳，故以灌木柳、芦苇、香蒲为关键植物混栽的生态消落带防护植物配置模式。

在经常受水淹的区域，栽植灌木柳、芦苇和香蒲，既可保护边缘不受水流侵蚀，又可利用挺水植物拦挡、净化能力，固沙拦污；在偶尔受到水淹的区域，栽植鸢尾，形成第二层次的景观带，且能进一步吸收河流水体中营养物质，深入净化水质；在极少水淹区域，可作为景观重点区域，并作为动物和鸟类的栖息繁殖地，将三叶草、早熟禾、黑麦草混播，可供鸟类取食，景观效果显著。

2）以辽河已有河心岛为基础，利用清淤底泥培高加固河心岛构建，生态岛泥沙生态控制也可采用硬性工程与植物相结合的方式，以提高防护措施有效性，一方面，实现废物再利用，一定程度上缓解河道水体内源污染；另一方面，以不影响行洪为前提，构建生态岛，可有效提升辽河生态环境质量。

结合对辽河干流段植物的实地考察结果和景观植物的选择实验结果，在生态岛硬性岸坡防护的基础上，进行岸坡上部及生态岛顶部的植物配置。植物的选择以乡土植物灌木柳、芦苇、香蒲为关键植物类型，引进适合东北地区生长的水生景观植物千屈菜和玉带草作为辅助植物类型。经对关键植物与景观植物的综合配置，形成以灌木柳为“中心”，芦苇与香蒲为 “前锋”，千屈菜与玉带草为“后卫”的生态岛植物配置模式，集成硬性工程与植物相结合的泥沙生态控制技术。

### 5.7.3 生态恢复保障措施

对辽河保护区生态环境监测点位、频次和项目进行优化，筛选监测指标，建立完善的生态环境监测体系，完善保护区水质监测网络平台，建设湿地生物多样性生态观察站，提高对保护区内动植物、水生生物资源变化状况以及河滨湿地状况的监测能力，建立辽河保护区水生态管理数据资源共享平台。利用先进的数据集成技术，建立辽河流域水环境预警平台与其他生态数据库及信息系统之间的高效连接。实现区内水生态和风险评价及发展预测结果的仿真数据可视化，进行在线预警和数据实时跟踪，开展辽河流域综合管理模型的构建工作。制定水环境质量管理和适应性流域生态恢复管理等多个业务系统，建设污染源、总量监控和控制决策等功能的综合管理技术平台、环境灾害应急响应平台和生态风险管理平台。研究统筹规划、集中治理、全面保护与管理、污染防治、生态治理、依法监察、宣传教育联动机制，管理、科研结合与生态环境社区共管机制；建立生态治理的持续经济补偿机制，排污许可证量化和交易机制及水质监管机制，制定辽河保护区污染物排放指南；建立管理法律法规与综合行政体系和保护区生态风险管理体系。针对辽河保护区成立时间短，水生态建设综合监控能力和综合管理能力严重不足的现状，通过建设水生态综合监测与管理平台，提高辽河保护区生态建设综合监控能力和综合管理能力，实现辽河保护区生态建设可视化在线管理。

## 5.8 水污染治理

### 5.8.1 入湖河流缓冲带构建

河岸缓冲带技术是指在河溪两岸构建一定宽度的缓冲带，通过过滤、渗透、吸收、滞留、沉积等河岸带机械、化学和生物功能减弱进入地表和地下水的污染物毒性、降低污染程度，是控制非点源污染的“最佳管理措施”。在河道两侧建设缓冲带，一方面停止河道两侧高强度种植和开发，另一方面发挥缓冲氮、磷拦截和处理功能，将沿河的农田面源污染进一步净化，通过缓冲带的净化和拦截作用，实现入湖河流水质的保持与改善。

### 5.8.2 城镇污水治理

开发小城镇生活垃圾分散与集中治理实用技术，降低小流域生活污染的排放负荷，建立以小流域为单元的水污染控制与循环利用技术体系并实践、创新流域水污染治理模式，推进城镇污水处理厂建设和提标改造。到 2025 年，流域内新建城镇污水处理厂 10 座，新增日处理能力 11.9 万 t；扩建城镇污水处理厂 12 座，新增日处理能力 84 万 t；提标城镇污水处理厂 6 座，日处理能力 4 万 t；新建乡镇污水处理厂 24 座，新增日处理能力 4.48 万 t；扩建乡镇污水处理厂 1 座，新增日处理能力 2 万 t；提标乡镇污水处理厂 1 座，日处理能力 0.25 万 t。

加快城市生活污水收集处理系统“提质增效”。推进截污纳管和老旧、破损管网修复，加快现有合流制排水系统的雨污分流改造。到 2021 年年底前，沈阳、鞍山、盘锦等流域内城市生活污水收集处理率达到 70%以上，铁岭市达到 65%，加快城市污泥无害化集中处置设施建设，使污泥无害化处置率达到 90%以上。

### 5.8.3 河岸带垃圾治理

按规定实施垃圾处理制度，大力推行垃圾分类减量和资源利用。根据辽河干流特点，在沿岸多处设置观景台，吸引大量游客。随意倾倒堆放垃圾已成为引起河流污染的隐患之一，因此必须建立和完善垃圾治理体系。统筹考虑垃圾利用、处理，完善垃圾收集转运和集中处理设施布局；因地制宜，建立和完善切合实际、管用的垃圾清扫、保洁、收集、运输、处置体系。设立保洁队伍，原则上在河岸带每隔一段距离配备 1 名保洁员。

定期开展非正规垃圾点排查工作，制订年度整治实施计划，实施整治全流程监管，严厉查处随意倾倒堆放垃圾行为，坚决杜绝垃圾围岸、垃圾入河等现象，对流域内排查出且尚未整治的非正规垃圾堆放点开展整治，基本实现辽河干流垃圾处置体系全覆盖。

强化垃圾处理设施运营维护，建立长效机制。明确设施责任主体，建立资金保障机制，加强管护队伍建设，建立监督管理机制，保障已建成垃圾处理设施的正常运行。建立实施长效管理机制，确保长制久清。开展年度水体整治环境保护专项行动，按相关规定，依法定监，开展河道垃圾集中清理专项行动，对河道管理范围内垃圾及固体废物（水面漂浮垃圾）进行清理，每年开展专项行动，对违法行为认真清理，严肃查处，从而实现流域综合污染治理全覆盖（图 5-23）。

（a）　（b）　（c）　（d）

图 5-23　河岸带垃圾

## 5.8.4　畜牧养禽治理

应加快推进畜禽粪污资源化利用。对采用水冲粪、水泡粪等污染较重的养殖方式，对产生的固肥、液肥无利用的养殖场，应开展重点治理。对流域周边养殖业较为集中，粪便等集中处理能力不足，可能造成一定水体污染的区域应重点关注。开展禁（限）养区划定、排查和搬迁。对已划定的辽河干流和受畜禽养殖污染影响较大的支流沿岸

3 011 $km^2$ 禁养区、1 070 $km^2$ 限养区开展养殖企业（户）排查整治。辽河流域干支流河禁（限）养区划定情况见表 5-4。2022 年年底前，完成重点流域内养殖专业户和散养密集区的排查整治。2025 年年底前，基本消除重点流域内养殖污染隐患。

表 5-4 辽河干流河禁（限）养区划定情况 单位：$km^2$

| 地区 | 畜禽养殖禁（限）养区规划 | |
|---|---|---|
| | 禁养区面积 | 限养区面积 |
| 铁岭 | 124 | 0 |
| 沈阳 | 30 | 0 |
| 鞍山 | 0 | 22 |
| 盘锦 | 474 | 0 |

## 5.8.5 农业污染面源治理

农业污染面源治理主要是控制施肥，构建典型作物农田最佳管理方案，并结合河岸带建设，拦截并处理农田退水中的污染物；排查保护区内农业种植情况，严厉禁止封育区内农业生产活动。对保护区外农业生产大力推进种植产业模式生态化。开展种植产业模式生态化试点，促进生态有效保护和产业融合，打造可持续发展农业的样板，大力发展绿色、有机农产品。推进第一、第二、第三产业融合发展，发挥生态资源优势，发展休闲农业和乡村旅游。继续实施化肥使用量零增长行动。推进农作物病虫害专业化统防统治和绿色防控融合发展。推广应用生物防治、物理防治等非化学农药绿色防控集成技术，减少化学农药投入；推广应用生物农药、高效低毒低残留环境友好型农药，促进农药结构性减量。

加快推进农用地膜污染防治。到 2022 年，推动地膜使用标准化，结合种植结构调整，适度减少覆膜作物种植面积，因地制宜推广地膜依赖度低的作物品种和全生物可降解地膜替代技术。到 2025 年，基本实现废旧农膜全回收，实现地膜残留量负增长，使农田“白色污染”得到有效防控。

## 5.8.6 入河排污口治理

开展入河排污口排查，完成对流域面积 50 $km^2$ 以上河流的入河排污口的排查，形成入河排污口名录库，开展入河排污口专项整治。2020 年起，对主要入河（海）排污口开展监测，按照“封堵一批、规范一批、治理一批”的原则，2022 年年底前基本完成流域内二级支流以上入河排污口整治，2025 年年底前基本完成全流域入河排污口整治，实现数字化管理。

## 5.9　湿地恢复与重建

湿地不仅可以削减入河污染负荷，增强水体自净能力，改善河流水质，还可以发挥水源涵养、调洪蓄洪、气候调节、生物多样性维持、景观多样性等多重作用，同时也是野生动植物、鱼类和鸟类的栖息地。因此加强湿地重建，恢复退化的生态系统对保护湿地和维护湿地的生态系统平衡具有十分重要的意义。

本章从辽河保护区湿地的实际情况出发，研究并揭示各类湿地退化及其逆转的过程与机理，完善恢复与重建的技术，在全面规划湿地保护、恢复、合理利用的基础上，对重要湿地进行重点保护建设，在一些典型和急需的湿地区域优先安排保护、治理和恢复项目建设，起到示范带动作用。通过建设，使湿地资源得到更好的保护与恢复，维护生物多样性，并极大改善区域生态环境。2004 年，国务院办公厅发布的《关于加强湿地保护管理的通知》（国办发〔2004〕150 号）指出，进一步提高认识，把湿地保护作为改善生态的重要任务来抓，采取多种形式，加快推进自然湿地的抢救性保护。该通知明确提出要从抢救性保护的要求出发，按照有关法律法规，采取积极措施在适宜地区抓紧建立一批各种级别的湿地自然保护区；同时对不具备条件划建自然保护区的，也要因地制宜，应采取建立各种类型湿地公园等多种形式加强保护管理。采取有力措施，积极推进抢救性保护，在湿地脆弱区抢救性地建立一批自然保护区和湿地公园，以增加湿地保护面积，促进湿地资源健康发展。针对辽河干流生态问题，既要开展河流净化，又要进行水生态修复，湿地与坑塘的建设是辽河保护区生态修复与巩固的主要调控任务之一。

### 5.9.1　湿地管理的目标

《中国湿地保护行动计划》等已明确提出对我国湿地保护行动目标。湿地生态系统综合管理的目标，首先是维护湿地水文条件，以便为湿地生物多样性提供最佳生存与繁衍的环境，充分发挥湿地的水文功能和生态功能。在此基础上，合理地提高湿地为人类提供产品和服务的能力，以体现湿地的经济和社会价值，实现湿地资源的可持续发展。

### 5.9.2　支流湿地管控要素

（1）湿地下垫面整治

湿地建成后，应以水系联通优化为前提，整治湿地各个组成部分下垫面，形成适合植物梯度分布生长的地势。

（2）水文条件恢复

水文条件恢复下应主要通过干流橡胶坝提高水位来实现，部分湿地超出橡胶坝控制范围，可内部蓄水调节。定期监控与管理河口湿地水位变化，水位变化过大时需通过橡胶坝调控，使湿地内水量保持可内部调节。

（3）植被恢复

植被是河口湿地生态系统的重要组成部分，湿地植物包括水生植物（水芹等）、沼生（莎草等）、湿生（水蓼等）。重污染河口湿地可搭配栽种控污植物，如芦苇等；兼有景观河口湿地搭配栽种景观植物，如睡莲等。对于污染负荷较大的支流，主要选择一些控污型植物，如芦苇、香蒲等，对于芦苇和香蒲等经济作物秋后需收割，使其资源化。

（4）生境恢复

河口湿地生境主要针对鸟类生长环境，通过自然封闭在湿地建成后形成孤立沙心洲和河漫滩区域，逐渐恢复鸟类觅食区及其栖息地。

（5）生态旅游管理

景观型河口湿地周边可发展生态旅游，但要防控生态旅游产生次生污染，保护湿地环境和功能。

### 5.9.3 湿地功能提升工程

维持人工湿地系统稳定运行的首要条件就是保证湿地系统水力传输，因此湿地生态蓄水工程、湿地水系连通工程、海水调配工程等对湿地功能提升有重要作用。

（1）湿地生态蓄水工程

近年来，由于水土流失加剧，影响河流水生态系统的生态平衡，河流中的泥沙含量增大，造成河床、湖底淤积，湿地面积不断缩小，功能衰退，湿地水文发生变化。辽河口芦苇湿地的地面径流补水主要由大凌河、辽河、大辽河供给，由于目前辽河口湿地用水短缺，需调配上游水资源进行补给，因此应通过人为辅助方式增加湿地用水，解决辽河口芦苇湿地季节性水资源短缺和时空分布不均的问题。

（2）湿地水系连通工程

应在科学评价生态需水量的基础上，明确用水指标，除了以上生态蓄水工程，芦苇湿地需水可分别通过清河水库、柴河水库来解决，即湿地水系连通工程。为提高芦苇湿地的水资源输送效率，减少不必要的渗漏、滞留等损失，需对辽河口芦苇湿地以及双台子区湿地输水水道进行清淤，并对相应提水设备闸坝进行改造，配套输水及提水建筑物60座。

（3）海水调配工程

针对辽河口芦苇湿地退化情况，可开展海水调配工程，一方面通过人工辅助措施调配部分海水进入芦苇湿地，调节芦苇湿地盐度，促进芦苇恢复；另一方面可在一定程度上缓解水资源短缺的问题。海水调配需建设纳潮闸 1 座，海水提水闸、分水闸站等 14 座，扩容潮汐水道，维修或新建输水排干。

### 5.9.4　湿地水生植物恢复与补种

湿地中的植物不但直接利用水体中的营养物质，吸收富集水体中的重金属等有害物质，而且为根区的微生物输送氧气，并提供栖息地。植物选择对湿地处理效果及维持湿地系统稳定性具有重要的影响。可通过人工措施引种和恢复芦苇、香蒲、水葱、睡莲等水生植物，形成湿地特有的植物群落，既调节湿地的功能，又为野生动物提供藏身之地。研究结果表明，芦苇、香蒲等湿地植物有很强的耐盐和耐污能力，对盐分和有机污染物具有很强的吸收和富集能力，同时芦苇又具有很高的经济价值，通过对芦苇的收割，可以将水体盐分和污染物转移，达到净化的效果。苇沼的恢复可为水禽、鱼类等湿地生物多样性营造栖息地。对于退化湿地，可采取原位取苗、分根移栽、分期补水、干湿交替的技术措施。恢复后的植被要进行管理，以达到植被逐渐稳定的目的，包括水管理：栽植植被后适当提高水位，不要淹没嫩芽，水资源不足时，5～10 d 漫灌一次，基于生命周期管理水位，满足目标物种的生态需水。植物管理：恢复开始的 4～6 个月，每 15 d 清除一次伴生物种或入侵物种，之后每 3 个月清除一次，缺苗补种，适时收割。病虫害管理：避免引入带病植株，控制好栽植密度，密切观察植株的生长状况，发现病虫害及时进行干预治疗；必要时进行施肥管理，施加有机肥，促进植物生长；在易被干扰区域可实施围栏封育管理，避免大型食草动物、人类活动干扰。恢复和重建现有的湿地植物群落，恢复湿地生态系统功能。在修复和重建过程中，对现有长势良好的沉水植物、浮叶植物、挺水植物以保护为主，防止人为破坏，在此基础上，进行适当补植。对于芦苇入侵的翅碱蓬群落，拟通过水盐调控、水文调控及闸坝调控淡咸水实现生态修复；对人为干扰的翅碱蓬群落，可通过平整土地及人工撒种的方式，恢复翅碱蓬群落；对自然退化的翅碱蓬群落，可通过人工撒播翅碱蓬种子的方式，修复翅碱蓬群落。

### 5.9.5　退养还湿

辽河保护区河口区滩涂广阔、滩质细腻，有机质含量高，大批的人工养殖造成了湿地生境破坏。针对近海湿地生态服务功能退化的现状，按照国家规定，对位于辽河口国家级自然保护区、省级自然保护区等保护地内的养殖坑塘及所属固体建筑物进行拆除，并按照周边环境地形及海拔进行地形的平整与改造，恢复近海岸线湿地自然状态，对正常使用的养殖坑塘进行安置补偿。如有必要，可经市委、市政府同意，进行相关申请审批，进行海上开放式养殖。规划共需拆除养殖坑塘 9 644 $hm^2$，平整改造地形 2 570 $hm^2$。完成养殖坑塘地形改造后，按照景观一致性原则，根据养殖坑塘周边景观状态恢复为不同的湿地类型，根据坑塘对应的主要植物，对其进行人工补植。

集中分布于辽河西海岸的养殖坑塘区属于潮汐作用比较频繁的湿地潮滩区，同时也是红海滩景观翅碱蓬湿地的潜在分布区，因翅碱蓬的生长需要一定的盐度胁迫才能正常生长变为红色，成就红海滩景观，故需根据陆源淡水水系通道，对陆海潮汐水道进行恢复，使陆地淡水与海水能够自然交融混合，形成翅碱蓬生长的适宜盐度分布区。为此需修建潮汐水道 10.8 km，修建海水提水闸、分水闸站等 14 座，纳潮沟 10.5 km。

### 5.9.6 人工湿地建设

人工湿地的构建可缓解水体富营养化及提高水体透明度，降解污染物，净化水质。为减少城镇生活、农业生产对水体的影响，可在满足污水净化功能的前提下进行湿地景观建设，与周边风景相结合，建成集污水处理与观光、休闲娱乐为一体的公共开敞空间。辽河保护区人工湿地调控主要分为支流汇入口湿地、坑塘湿地、牛轭湖湿地、闸坝回水段自然湿地四大类。

（1）支流河口湿地

支流是辽河污染物的主要来源，支流汇入口湿地发挥着重要的生态调节功能，可有效截留并净化支流来水中的污染物，有助于确保辽河干流水质达标。支流河口湿地是支流生态系统和干流生态系统之间的生态交错带，属于河流湿地大类，包括自然湿地和人工湿地。河口湿地具有以下几个特征：河口湿地形成、发育原因多样；河口湿地生态系统类型多样；河口湿地生境独特、生物多样性较为丰富，是许多生物栖息和繁殖的场所。辽河河口湿地植被茂盛，生物种类繁多，是亚洲最大的芦苇沼泽湿地，是水禽的重要繁殖地，还是珍禽黑嘴鸥在全球仅有的少数几处重要繁殖地之一。其主要用途有：①处理支流来水中污染物；②作为河口区水量缓冲器，在干旱季节向河道补充水，在暴雨时接受洪涝水，对于污染较轻或者无污染支流河口，暂不修建河口湿地。

（2）坑塘湿地

辽河干流上段沙质良好，适合建筑使用，长期以来一直有采沙活动。自辽河保护区成立后，采沙活动已被禁止，但由于长期挖沙，留有大量面积不等的沙坑。辽河沙坑主要分布在清河口至马虎山段，沿途 100 多千米河道上沙坑数量众多，很多已形成水面，这为建设坑塘湿地提供了基本条件。针对辽河保护区内自然形成以及人工形成的各类坑塘，利用引水沟渠将其与河流连通形成相对开放的水体，在保证河流畅通的基础上建设湿地，可以增加区域生物多样性和景观多样性，有效净化河流水质。根据河道滩地的原始断面形态及河床、河岸的相对高差，并密切联系河道沿岸的土地利用情况，选择辽河干流典型河滩区域开挖坑塘及湖泊，并采用沟渠连通，最终形成河道坑塘湿地群。

需根据辽河保护区坑塘湿地特征，选择和搭配适宜的坑塘湿地植物。植物的选用原则主要包括：具有良好的生态适应能力和生态营建功能，具有很强的生命力和旺盛的生长势，具有较强的耐污染能力，具有不对当地生态环境构成隐患或威胁的生态安全性，具有一定的经济效益、文化价值、景观效益和综合利用价值。考虑到辽河保护区坑塘湿地下垫面主要是沙质，植物恢复物种可选择沙生植物，如苦参、牻牛儿苗、角蒿等，重污染区域坑塘湿地可搭配栽种当地土著控污植物，如芦苇、香蒲等，应最大限度恢复坑塘湿地群的沉水、漂浮、挺水等植物种群，发挥坑塘湿地的水质净化能力。

坑塘湿地群生境恢复主要针对鱼类和两栖类生长环境，结合养殖业，实现浮游植物—浮游动物—小型鱼类—大型鱼类等食物链的完整和生物多样性；构建坑塘湿地多重生存空间，为野生生物提供栖息地。湿地生境恢复技术主要包括物种选育和培植技术、物种引入技术、物种保护技术、种群动态调控技术、种群行为控制技术、群落结构优化配置与组建技术、群落演替控制与恢复技术等。

（3）牛轭湖湿地

应利用河道内牛轭湖区域、弯道河段、河漫滩宽广区域、低洼地及较大型河心岛，建设湿地，从而提高河道整体的污染物降解和水质净化能力。辽河干流牛轭湖的分布特点与泥沙淤积相似，巨流河和兰旗险工等平原段由于淤积严重，大大小小的牛轭湖也相对较多。牛轭湖形成后，由于水量不足尤其是非汛期致使河道湿地的面积萎缩、破碎化程度加剧、自然植被退化、动物的栖息环境恶化，变成荒弃河滩。根据辽河保护区湿地网络水利调控规划，配合牛轭湖自然湿地削减入河污染负荷、增强水体自净能力、改善河流水质作用、水源涵养、调洪蓄洪、景观多样性等作用，在主河道上应根据河道态势选取具有构建大面积牛轭湖湿地优势的河道恢复牛轭湖自然湿地。

根据牛轭湖当地的水体质量、土壤质地、水位高低，选择耐污程度相当、土壤质地和需水合适的植物作为先锋种、优势种、建群种进行湿地植物生境恢复。在水深小于 0.5 m 的浅水区，可栽植蒲草、芦苇等亲水植物；若为沙质土壤则选择杭子梢、苦参等沙土植物；若存在无水区，可栽植灌木或多年生草本植物。水、土壤等物理生境和水生植物、鱼等生物生境可为野生动植物和鸟类的迁徙、繁殖等提供栖息地，促使牛轭湖湿地自我恢复，实现对上游来水污染物阻控，水质净化的目的。通过坡面修整，牛轭湖湿地中心区在非汛期可以形成淹水深度不同的水生、沼生、湿生、中生等多种生境，根据不同生境特点通过引入适当先锋种和建群种，使合适的土著水生植物成为优势物种，利用水生植物对氮、磷营养物质的吸收，达到水质净化的目的。

通过下垫面的修整、生态水位的保持和合适先锋种及优势种的引种，重构辽河牛轭湖湿地的沉水、漂浮、挺水等植物种群和适宜鱼、鸟等动物生存的自然环境，再通过自然封育，使牛轭湖生态系统进入自我恢复和自然演替阶段，全面恢复牛轭湖湿地的生态功能和系统结构的长期自我维系。

（4）闸坝回水段自然湿地

辽河属平原河流，河道宽阔，高程相差不大，流速慢，平均水位低，河流本身水位低，含沙量巨大，水库蓄水后形成大量沙洲，难以形成比较大型的库容量。闸坝回水段自然湿地恢复方法主要以自然恢复为主，辅以必要的工程措施，需采用水利连通的方法，新建和贯通坑塘，保持河流连续性，控制湿地水位，退耕还林、还草，对于部分容易塌方地区进行河道整治，建设生态型护岸。

### 5.9.7 建立湿地保护群，保护特殊物种

建立湿地保护区是保护湿地的最有效措施，对于保护某些濒危的物种发挥着重要的作用。应通过对自然保护区的建设和有效管理，使湿地和生物多样性得到切实的人为保护。为了保护自然环境和自然资源，特别是珍贵、稀有、濒危的生物种，保护不同自然地带具有代表性的各种森林、草原、沼泽、荒漠、水域（湖泊或江河水段）、海岸滩涂等自然生态系统，保护自然历史遗迹等，应划定一定的空间范围，设置管理机构，加以保护并开展科学研究工作，这样的地域称为自然保护区。自然保护区的结构应具有3个基本功能区：核心区、缓冲区和实验区。

1）核心区：自然保护区保护对象最有代表性的区域或地段。该区域内要保持自然原始状态，把人为影响降低到最低限度，并严防因研究活动而引起环境的改变。因此，核心区又称为绝对保护区。

2）缓冲区：处在核心区周围，是具有防止对核心区人为干扰活动的保护性区域，它把核心区与人为活动频繁的地区隔离开来。在缓冲区内对人为活动的要求虽然不如核心区那么严格，但仍然要有很大的节制，所以缓冲区又称为受控保护区。

3）实验区：在缓冲区的外围或适当地段可划分出实验区，在这一区域内进行一些科学试验，研究生物学和生态学特征，建立人工群落，对当地所属自然生物带的植被进行试验，并起示范作用；同时开辟引种、繁育基地。由于这一区域进行生产性的科研活动，故该区又称为试验区、恢复区、生产区、改造区。自然保护区的任务除以保护自然生态系统和资源为主外，必须把科研、教学、生产和旅游等紧密结合起来。因此，自然保护区的任务及工作内容主要是保护、科研、教学，其次是旅游和开展引种、繁育、生产。

### 5.9.8 湿地植物刈割管理

湿地植物的刈割管理，是湿地系统运行管理的重要内容。应综合考虑植物的生长规律、区域气候特征和水质变化状况，确定植物刈割频度。不同生长型的植物生长规律存在差异，针对发芽早、生长速度较快的湿地植物，可以一年刈割两次。要严格把控刈割次数，过多或过少均会影响湿地生物生长发育。刈割次数过少，植物生长高峰过后，自然进入休眠期，不能达到刺激植物第二次萌芽、延长植物生长周期的效果；刈割次数过多，容易使湿地系统内植物郁闭度减少，影响植物正常生长，甚至造成植物的枯萎和死亡。因此应根据刈割时间和植物生长特点，确定刈割强度（植物存留量）。例如，每年进行两次植物刈割，第一次刈割适宜安排在植物生长中后期，植物生长即将结束，此时刈割可以有效刺激植物进入第二次生长高峰，延长植物的生长期。第二次刈割时间适宜安排在冬季上冻以后，以降低带水作业的成本。对于枯萎后地上部分容易倒伏的植物，

第二次刈割时间应该安排在植物倒伏之前。

## 5.10 防洪工程提升

针对辽河保护区存在的防洪问题，2019 年开始实施辽河干流防洪提升工程，以实现辽河干流“防洪全线达标，隐患全面排除”的国家目标。2019—2025 年，结合《加快灾后水利薄弱环节建设实施方案》和国家防汛抗旱水利提升工程，应对流域内保护对象重要、防洪薄弱环节突出的相关干、支流进行治理；结合水系连通及农村水系综合整治，着力解决农村河湖防洪排涝、灌溉供水、生态涵养等问题；开展干流综合治理前期工作。《加快灾后水利薄弱环节建设实施方案》项目见表 5-5。

表 5-5 《加快灾后水利薄弱环节建设实施方案》辽河干流项目

| 序号 | 河流名称 | 河长/km | 流域面积/km$^2$ | 项目数量 | | |
|---|---|---|---|---|---|---|
| | | | | 2019 年 | 2020—2021 年 | 小计 |
| 1 | 清河 | 159 | 5 150 | 2 | 1 | 3 |
| 2 | 招苏台河 | 263（149） | 4 828 | 1 | 0 | 1 |
| 3 | 柳河 | 302（206） | 5 345（1 795） | 5 | 0 | 5 |
| 4 | 绕阳河 | 326 | 10 348 | 0 | 6 | 6 |
| 5 | 秀水河 | 139（117） | 1 903（1 811） | 0 | 2 | 2 |
| 6 | 凡河 | 120 | 1 046 | 0 | 2 | 2 |
| 7 | 南柴河 | 31 | 215 | | 1 | 1 |
| 8 | 亮子河 | 106 | 566 | 2 | 0 | 2 |
| 项目数量合计 | | | | 10 | 12 | 22 |

注：（）内为省内数据

根据《辽河流域防洪规划》（国函〔2008〕13 号）、《辽河流域综合规划（2012—2030 年）》规划和相关区域社会发展规划需求，辽河干流石佛寺以上农村段防洪标准为 50 年一遇，石佛寺以下农村段防洪标准为 100 年一遇，铁岭城市段防洪标准为 100 年一遇，盘锦城市段防洪标准为 200 年一遇。采取措施如下：一是堤防加固及新建工程，堤防加固均在现状堤线基础上进行布置，根据各堤段情况，以现有堤防为基础，在迎水侧、背水侧进行加高培厚，或在堤顶布置防浪墙、防洪墙等。包括堤防加培、沙堤砂基治理、穿堤建筑物治理、新建堤防、防汛路贯通、堤坡硬性防护、防浪林补植等。二是险工险段治理。三是移民动迁及安置工程，主要涉及河道内原住民。四是清障及滩区治理工程，包括河道清障工程、防洪工程生态改造、生态治理等。五是防洪提升信息化建设，从辽河全流域层面出发，建设全面智能的信息化系统平台。因此，对辽河流域进行有效的综合治理是全面提升流域内河流防洪能力、降低河流安全隐患、提升地区防汛抗旱能力的需要。

### 5.10.1 堤防建设

经过多年的修缮和维护，辽河干流地方防洪标准不断提高，防洪能力得到了进一步的提升。但由于辽河河道曲折、部分地方基础仍是沙堤砂基，受洪水冲刷、缺乏维护，仍险情不断，部分地段的地方仍达不到设计标准，需要开展进一步的堤防建设。本章规划中，堤防建设的范围为辽河干流福德店至河口现有干流段堤防及主要支流回水段堤防。主要是对堤防断面不足的堤段进行加高或加宽培厚，对抗冲刷能力弱和透水性大的沙堤砂基采取相应治理措施；同时对无堤段进行连通，在支流入汇口架设交通桥，贯通后的堤防新修堤顶公路，建设堤防两侧护堤林，使辽河干流堤防成为集防洪保障、抢险交通、生态景观线为一体的交通干线。堤防加固及新建工程包括堤防加培、沙堤砂基治理、穿堤建筑物治理、防汛路贯通（含支流口桥梁）、堤坡硬性防护、防浪林补植等分项。

（1）堤防加培

根据辽河干流（辽宁省部分）重要节点分布情况，堤防加高培厚主要包括 4 大部分，从上游往下游依次为石佛寺以上农村段、铁岭城市段、石佛寺至盘山闸农村段、盘锦城市段，工程总长度 582.760 km。

（2）沙堤砂基治理

辽河干流现有堤防都是在原有民堤的基础上经过历次加高培厚形成的，原有堤防的砂基沙堤大多未得到处理。针对辽河保护区铁岭、沈阳、鞍山和盘锦域内的 15 处砂基沙堤开展针对性治理。具体规划建设方案为优先对严重影响防洪、威胁堤防安全的铁岭长发段砂基沙堤、新民茨林子沙堤段和盘锦兴隆台段砂基沙堤等重点沙堤砂基段开展治理。工程形式以垂直铺塑和水平复合膜防护等为主，具体根据各河段情况和整治经验采用不同的整治措施。

通过采取垂直铺塑和水平复合膜的措施对砂基沙堤进行修缮，完成铁岭长发段砂基沙堤、两家子农场砂基沙堤、新民茨林子沙堤段和盘锦兴隆台段砂基沙堤等 15 处砂基沙堤段的治理，完成总长 20.15 km 的堤防标准化建设，实现干流河道防洪隐患的排除，提高行洪安全。

（3）穿堤建筑物治理

根据现状调查统计成果，辽河干流上有 163 座穿堤建筑，左小河支流、王河支流、亮沟河支流等支流上有 20 座。这些穿堤建筑物包括涵闸 36 座、排灌站 127 座。依据安全鉴定结论，按照治理措施将穿堤建筑物划分为三类：拆除复堤（14 座）、改造（72 座）和拆除重建（39 座）。此外，盘锦市新建堤防段共需新建穿堤建筑物 41 座。穿堤建筑物治理措施汇总见表 5-6。

表 5-6　穿堤建筑物治理措施汇总　　单位：座

| 行政区 | 现状已有穿堤建筑物治理 | | | | | 新建穿堤建筑物 |
|---|---|---|---|---|---|---|
| | 现状 | 存在问题 | 改造 | 拆除重建 | 拆除复堤 | 新建个数 |
| 铁岭 | 54 | 47 | 21 | 15 | 11 | 0 |
| 沈阳 | 64 | 43 | 36 | 4 | 3 | 0 |
| 鞍山 | 3 | 3 | 2 | 1 | 0 | |
| 盘锦 | 42 | 32 | 13 | 19 | 0 | 41 |
| 小计 | 163 | 125 | 72 | 39 | 14 | 41 |
| 穿堤建筑物治理合计 | | 166 | | | | |

（4）防汛路贯通

辽河堤防堤顶防汛抢险路 65%为砂石路面，防汛抢险路范围包括现状为砂石路面的堤段、堤防加固破坏沥青路面段、堤顶沥青路面加宽段、沥青路面破损维修段及新建堤防段，不包括对外联系交通路。为满足防汛抢险的要求，保证支流河口沿岸村庄群众日常出行的需要，并保证汛期抢险道路通行畅通，在支流河口新建 7 座交通桥，分别是招苏台河河口交通桥、公河河口交通桥、长沟河河口交通桥、小河子河（法库）河口交通桥、小河子河（昌图）河口交通桥、秀水河河口交通桥及付家窝堡排干河口交通桥。

（5）堤坡硬性防护

选取主流偎堤段、河道急剧束窄段及现状硬性防护破损段布置堤坡硬性防护工程。

（6）防浪林补植

防浪林补植共计 265.131 km，均布置在堤防迎水侧管理地内。

## 5.10.2　险工治理

辽河防洪地位十分重要，河道险工治理关系到辽河河势稳定和防洪安全，必须坚持统筹全局、统一规划，应在河道中水治导线的控制和指导下进行治理。辽河两岸岸坎可按陡峭程度及植被覆盖情况大致分为两类：一类为现状坡比较缓，水流兑岸情况不严重，坡面基本有植被覆盖或经简单整形、覆土即可具备作物生长条件的，简称缓坡，实际划分中大致标准可按柳河口—卡力马段坡比缓于 1∶1.5，其他段缓于 1∶1 控制，这一类岸坡可占现有规划岸坎的 41.35%左右，约 440 km；另一类为现状坡比较陡，水流兑岸情况严重，水下及水上边坡现状基本不具备作物生长条件且目前没有岸坡防护工程的，属于河道险工，简称陡坡或陡坎，实际划分中大致标准可按柳河口—卡力马段坡比陡于 1∶1.5，其他段陡于 1∶1 控制，这类岸坡可占现有规划岸坎的 58.65%左右，约 624 km。辽河干流福德店—辽河口河道全长 538 km，岸线总长 1 076 km，除去石佛寺水库回水段剩余岸线总长度 1 064 km，其中陡坎长度 624 km，占岸线总长的 58.65%，石佛寺—

盘山闸段更是超过了 70%。辽河弯道纵多，据统计，福德店—河口总共有较大弯道 156 处，弯道长度约 199 km，其中很大一部分现状已离防洪堤较近，形成了险段。根据前期调查，在辽河保护区范围内，辽河干流铁岭段有元神庙险工、黄洋泡险工和西三台子险工等大小险工共 33 处，其中昌图县 11 处、铁岭县 7 处、开原市 9 处、两家子农场 5 处、铁岭市银州区 1 处，此 33 处险工目前兑岸严重，威胁堤防安全，急需修缮。

辽河干流沈阳段有王坨子险工、龙王庙险工和杨家窝堡险工等需继续修缮的险工共 28 处，其中康平县 5 处、法库县 4 处、新民市 12 处、辽中区 7 处。此 28 处险工均为优先项目，需要除险加固。辽河干流盘锦段有盘山九台子险工、大洼西岗子险工和双台子谷家险工等大小险工共 14 处，其中盘山县 1 处、大洼区 9 处、兴隆台区和双台子区各 2 处。辽河盘锦段内的 14 处险工中，有 11 处为优先项目，需要采取修缮措施。

针对辽河保护区铁岭、沈阳、台安和盘锦域内的险工开展针对性治理，优先对严重影响防洪、威胁堤防安全的元神庙、黄洋泡、新发堡、后九间房、毓宝台、杨家窝堡等重点险工段开展治理。对“十二五”时期已经完成的险工险段工程进行维护，对新形成的险工段实施治理。工程形式以石笼丁坝、平顺护岸为主，具体根据各河段险工形成的原因和整治经验采用不同的整治措施。

### 5.10.3 清淤疏浚

辽河是多泥沙河流，主河道基本遵循着洪冲枯淤的规律，淤积的泥沙主要来源于东、西辽河和下游柳河。清淤范围指辽河下游柳河口至盘山曙光桥段，全长 189.79 km，石佛寺水库坝前至鲁家大桥段，全长 5 km。清淤原则是扩大主槽过流断面，利于泄洪度汛；消除滩地横比降。辽河河道平均宽度约 2.2 km，其中主槽宽度约 200 m，90 m 宽滩地约 2 km。东西辽河目前均建设有库容较大的水库，泥沙下泄量已大大减少，而柳河近年未发生较大洪水，泥沙进入辽河的量也不大，总体上近年辽河淤积并不很严重，但辽河干流上 16 座橡胶坝、2 座潜坝库区以及下游淤积仍值得重视。尤其是柳河以下泥沙含量较高和非汛期拦河蓄水建筑物的关闭运行方式，以及缺少洪水的造床作用，造成辽河生态蓄水抗旱工程（橡胶坝结构）及盘山闸等库区内的河道淤积，有效库容减少，威胁河道行洪功能及橡胶坝的正常运行，有必要对部分淤积较为严重的河段河道施行人工清淤。

清淤河段为铁岭新调线橡胶坝上下游 3 000 m 河段和开原老边橡胶坝下游至沙河口 12 000 m 河段。除拦河蓄水建筑物上下游河段清淤外，对淤积较为严重的招苏台河入辽河口河段、通江口 歪脖树村无名河总长约为 10 km 的河道开展清淤。

通过对各拦河坝上下游河道和主要支流河口淤积河段开展疏浚清障，可有效解决河道河床升高的问题，恢复河道有效容积，改善河道排涝泄洪功能，大幅降低水位上涨造成的洪灾危害。同时，通过河道清淤疏浚改善河道水生环境，恢复辽河原有的生态环境。

### 5.10.4 防洪应急保障

防洪工程管理单位以及受洪水威胁的其他单位，储备的常规抢险机械、抗旱设备、物资和救生器材应能满足抢险急需。出现突发事件后，保护区协调通信部门启动应急通信保障预案；保护区协调供电部门提供抗洪抢险、抢排渍涝、抗旱救灾等方面的供电需要和应急救援现场的临时供电；协调医疗卫生防疫部门提供疾病防治的业务技术指导；组织医疗卫生队赴灾区巡医问诊，负责灾区防疫消毒、抢救伤员等工作。保护区公安部门主要负责做好治安管理工作，依法严厉打击破坏抗洪救灾行动和工程设施安全的行为，保证抗灾救灾工作的顺利进行；负责组织搞好防汛抢险、分洪爆破时的戒严、警卫工作，维护灾区的社会治安秩序。

## 5.11 土地利用空间优化

针对辽河保护区干流河岸带受损、生态功能缺失、河岸植被覆盖率低、缓冲能力中等、河流水生态系统沉积物重金属镉污染严重及水环境管理任务繁重等问题，应对辽河保护区开展治理，基本目标为削减氮、磷等污染物；控制重金属风险；以河岸带生态修复为手段，恢复河岸带生物栖息地环境质量；构建湿地恢复系统，恢复保护区水生态系统健康，同时对辽河土地现状调查分析，辽河保护区水生态健康与土地类型之间存在着相关关系，通过改变土地的利用方式，可以有效地提升辽河水生态健康状况。对土地空间的优化，可以提升辽河水质，增加植被覆盖率，提高生物多样性，改善动物的栖息地环境。

在规划原则和保护区理论指导下，保护区用地需满足水文水资源、生境、水质、水生物、社会属性等方面的需求，根据文献调研和专家经验对河流健康特征的掌握，保护区内土地应满足水质健康、生物多样性保护、构建湿地系统、城市景观、经济、防洪等生态和人类需求。基于上述生态需求进行土地空间优化，在横向在 500 m 范围内对现有的耕地实施退耕还河还草，主要的支流通过建设入河口湿地，减少进入辽河干流的污染物，在河道弯曲程度高、易形成牛轭湖湿地的地方，规划建设牛轭湖湿地，对于原有的坑塘进行重新规划，在原有的基础上打通干流和其他支流之间的联系，增加水系连通性。

### 5.11.1 土地利用空间优化

通过对辽河保护区的土地规划、GIS 软件计算土地类型面积、辽河保护区的规划前后的对比，辽河保护区土地优化面积变化见表 5-7。发现主要变化的土地类型是林地、草地、坑塘和湿地，林地面积增加 128.45 $km^2$，草地面积增加 87.37 $km^2$，湿地面积增加 169.9 $km^2$，坑塘面积为 11.91 $km^2$。

表 5-7 辽河保护区土地优化面积变化 单位：$km^2$

| 土地类型 | 优化前后 | 林地 | 草地 | 坑塘 | 湿地 | 总计 |
|---|---|---|---|---|---|---|
| 上游 | 前 | 44.7 842 | 158.0 004 | 1.8 761 | 11.9 509 | 216.6 116 |
| | 后 | 56.0 442 | 245.3 704 | 5.2 461 | 66.7 409 | 373.4 016 |
| 中游 | 前 | 55.9 136 | 192.4 063 | 3.3 125 | 55.9 136 | 263.8 481 |
| | 后 | 134.2 636 | 192.4 065 | 8.5 725 | 107.2 057 | 442.4 483 |
| 下游 | 前 | 19.9 323 | 82.7 278 | 65.5 819 | 390.1 988 | 558.4 408 |
| | 后 | 58.7 723 | 82.7 278 | 68.8 619 | 410.3 188 | 620.6 808 |
| 总计 | 前 | 120.6 301 | 433.1 345 | 70.7 705 | 414.3 654 | 1 038.9 005 |
| | 后 | 249.0 801 | 520.5 047 | 82.6 805 | 584.2 654 | 1 436.5 307 |

### 5.11.2 辽河保护区上游土地优化

辽河干流由东西辽河汇合形成，辽河保护区自福德店开始，是辽河干流的起点。因此为减弱支流对干流水质的影响，在东西辽河汇入口、招苏台河、公河、亮子河、清河、柴河、凡河等入河口处规划如何口湿地，控制支流水质，以保护干流水质；在河道弯曲易形成牛轭湖的地方、坑塘和原有湿地水库规划牛轭湖湿地和坑塘湿地，增加水系之间的连通性；对沿岸 500 m 内的水田和旱地实施退耕还林还草，控制污染物通过地表径流进入河道。该段的主要特点是退耕护岸林还草，控制面源污染。由于坑塘湿地面积较多，入河口湿地面积相对较大，优化后面积增加最多的是草地和湿地，其中草地优化面积增加 87.37 $km^2$，湿地优化面积增加 54.79 $km^2$，林地和坑塘面积分别增加 11.26 $km^2$ 和 3.37 $km^2$，优化后面积共增加 156.79 $km^2$

### 5.11.3 辽河保护区中游土地优化

辽河中游大致从石佛寺水库开始，为减弱支流对干流水质的影响，在长河、左小河、养息牧河和柳河等入河口处规划入河口湿地，控制支流水质，用来保护干流水质；在河道弯曲易形成牛轭湖的地方、坑塘和原有湿地水库规划湿地用地。对沿岸 500 m 内的水田和旱地实施退耕还林还草，控制污染物通过地表径流进入河道。该段的主要特点是坑塘湿地数量较多，入河口湿地面积相对较大，优化后面积增加最多的是湿地和林地，其中湿地优化面积增加 94.99 $km^2$，林地优化面积增加 78.35 $km^2$，坑塘和草地面积分别增加 5.26 $km^2$ 和 0.000 2 $km^2$，优化后面积共增加约 178.6 $km^2$。

### 5.11.4 辽河保护区下游土地优化

辽河下游包含的土地类型最多，大型支流汇入最少，为减弱支流对干流水质的影响，在小柳河、绕阳河入河口处规划入河口湿地，保护干流水质；在河道弯曲易形成牛轭湖的地方、坑塘和原有湿地水库规划湿地用地；辽河河口保护区主要以双台子自然湿地保护区为主，对沿岸 500 m 内的水田和旱地实施退耕还林还草，控制污染物通过地表径流进入河道。辽河河口主要特点是进入河道的支流较少，减少了来自支流的污染物进入河道，同时辽河河口湿地面积较大，充分发挥了湿地的功能，能够为更多的动植物提供生存场所，能够有效促进物质能量的交换。优化后面积增加最多的是湿地和林地，其中湿地优化面积增加 20.12 $km^2$，林地优化面积增加 38.84 $km^2$，坑塘和草地面积分别增加 3.28 $km^2$ 和 0.000 2 $km^2$，优化后面积共增加约 62.24 $km^2$。

## 5.12 完善并落实健康河流管理的政策和法规体系

加强保护区能力建设是实现辽河保护区管理工作高效运行的重要保证。“十二五”期间，辽河保护区管理局在辽河保护区能力建设方面做了大量工作，保护区的建设和管理水平得到很大提高，但仍然不能满足当前保护区可持续发展的客观要求，尤其是在处理突发污染事件、雨雪等恶劣天气条件下开展监测和巡护工作等方面能力明显不足。因此，加强保护区管护能力建设、科研监测能力建设和信息化管理能力建设迫在眉睫。近年来，随着国家环境保护政策的不断出台和对环境管理要求的不断提高，尤其是“水十条”的颁布、信息化技术迅速发展和自动在线监测技术的日趋成熟，辽河保护区能力建设也面临着新的机遇和挑战。辽河保护区治理离不开政府部门的重视，离不开法律法规的保障和政策措施的监督管理。因此，从法律法规及政策的高度明确辽河保护区健康河流修复的地位极其重要。现有的多部法律法规与保护区河流管理有关，比如《中华人民共和国环境保护法》《中华人民共和国森林法》《中华人民共和国野生动物保护法》《中华人民共和国水污染防治法》《自然保护区条例》等，但是存在概念不统一、有些具体规定不一致，以及与生态环境保护需要不适应等问题。《辽宁省辽河保护区条例》由辽宁省第十一届人民代表大会常务委员会第十九次会议于 2010 年 9 月 29 日审议，自 2010 年 12 月 1 日起施行。条例明确了加强辽河保护区的污染防治、资源保护和生态建设，促进经济社会可持续发展。因此，各级政府和相关部门要依据相关规定制定翔实的实施办法，出台有关湿地综合管理、环境保护、生物多样性保护、开发利用等配套的政策制度，使湿地保护工作切实做到有章可循、有法可依，切实走上法制化的轨道。

### 5.12.1 建立生态廊道，落实退耕封育补偿资金

应完善资金落实情况，建立稳定的投入机制，制定科学合理的退耕补偿政策，及时落实退耕（林）封育省级补助资金。严格核查省政府收租地补助面积，落实收租地资金计划。在核实确认收租地面积基础上，及时将指标文印发到各市，确保春耕前拨付到县，并采取“一卡通”方式将资金发放到户。加强封育档案工作的组织领导，做到“户有协议或手册、村有登记、乡有台账、县有档案、市有备案、省有数据库”。严格封育补偿工作，落实更加严格的封育计划和资金计划，推进各级政府落实主体责任。严格执行生态封育补助标准，保证封育资金拨付进度，建议出台相关的法规或规范性文件，通过完善政策和立法，建立健全封育补偿长效机制，不断推进封育补偿制度化。

### 5.12.2 巩固辽河退耕（林）还河和自然封育成果

生态封育工作问题复杂、政策性强、工作量大，各地要切实加强组织领导，明确具体工作部门，落实责任人，对上报数据的真实性、准确性负责。应继续实施退耕还河、生态封育，继续巩固在辽河保护区及流域内河流完成的 88 万亩退耕（林）还河和自然封育成果。通过采取划定封育范围、明确工作责任、落实专项资金、开展巡查督导、加强封育管理、进行考核评比等一系列管理举措，确保生态封育效果。

### 5.12.3 加大河流管理的执法监管力度与保护队伍建设

应严格执行《辽宁省辽河保护区条例》的法规体系，对各类破坏辽河保护区的行为进行坚决打击。对河流管理涉及的部门，形成统一合作机制，做到齐抓共管，建立管理长效机制。严格控制油口开发建设规模，严格管理落地油和输油管线，防止水体污染。开展专项治理整顿工作，联合有关部门，对违规、违法占用保护区资源的行为予以坚决取缔，并责令恢复。

运用法律和行政手段确定捕捞期，防止掠夺酷捞现象发生。要严禁任何形式的捕杀野生动物、拣拾鸟卵、捕捉雏鸟等破坏野生动物资源、干扰其繁殖栖息的违法行为。严格控制水产养殖业的现有规模，保证滩涂和苇田生境的完整性。

要杜绝对鱼类资源的过度利用，提高产品供应能力。通过加强水资源管理、节约用水，强化水污染等有效治理，在提高湿地鱼类资源单位面积数量与产出的基础上，严禁过度利用，继续严格执行休渔期制度；同时，严禁利用拖网、密网、网箱等手段进行灭绝式捕捞，以保证鱼类资源的正常繁殖。加强渔政等执法部门监管力度，坚决打击违规、违法捕捞行为，促进湿地提供健康物质产品、持续发挥功能。

要加强河流管理队伍建设，建立健全相关的岗位责任制、目标责任制，实现保护区管理工作的规范化、制度化、法律化和科学化。加强业务能力培训，不断提升辽河保护

区的生态环境保护能力和工作水平。

### 5.12.4 加强监测和评价，建立资源数字化体系

努力推进辽河保护区监测工作，了解和掌握辽河保护区的资源状况、保护对象所处的环境条件、保护对象的特点和固有的规律，探索保护对象受威胁的程度与原因，为资源保护、管理、开发与利用提供科学依据。通过基础研究和应用研究，全面、深入、系统地了解湿地类型、特征、功能、价值、动态变化等。选择具有典型性和代表性的湿地类型，在那些基本保持原貌、生物多样性丰富、资源配置合理、结构完善、功能效益发挥良好、开发利用具有代表性的重点湿地或受到破坏威胁较重的湿地建立生态监测站，负责重点湿地自然环境、生物多样性、社会经济状况、开发利用及威胁情况等信息的收集与监测工作，为湿地的保护和合理利用提供背景资料并奠定科学基础。

辽河保护区湿地资源非常丰富，未来对湿地的开发活动将日趋频繁。因此，应建立保护区开发以及用途变更的生态影响评价、审批管理程序，实施开发环境影响评价制度，严格依法论证、审批并监督实施。着重分析开发活动对湿地资源、生态系统、生物多样性造成的影响，控制与避免人为大规模地破坏辽河保护区生态系统，达到更好的保护和利用的目的。

加强保护区资源信息数字化体系建设是健康河流管理的重要保障。应采用地理信息系统技术，基于 ArcGIS 软件，将调查所得的辽宁省湿地空间数据作为对象，建立集知识、模型和决策为一体的辽宁省湿地基础信息系统，实现空间数据的处理、管理、查询、输出、图形图像显示等功能。以数据库技术、地理信息系统技术、遥感技术和计算机网络技术为核心，研究建设一个能满足湿地各相关专业和相关工程需要的信息系统，把现有的基础地理信息数据、遥感数据、湿地资源监测数据等纳入系统内，最大限度地满足湿地生态建设的需要，并能满足今后数据库实时更新的需求。湿地资源基础信息平台应与国家林业局“全国湿地资源管理信息系统”的资源平台接轨。

### 5.12.5 积极争取政策和资金支持，加强湿地保护

辽河保护区的河流健康管理是跨部门、多学科、综合性的系统工程，因而其投入也具有多渠道、多元化、多层次的特点。政府投入是湿地保护资金来源的主渠道，各级政府要将湿地保护纳入国民经济和社会发展规划中，保证湿地保护资金的落实。开展湿地生态效益补偿试点工作，明确责任主体、利益主体，探索建立湿地生态效益补偿机制。适当加大资金投入、促进经济转型。湿地保护资金严重不足，是保护管理工作面临的主要现实问题。加大受保护湿地的退田还湿力度，探索建立湿地生态效益补偿机制，按照保护湿地受到损失程度、生态效益产出的大小以及湿地保护级别确定补偿方式和补偿标准，进一步增强群众保护湿地的积极性。科学划定湿地生态保护红线，禁止侵占湿地类

型自然保护区、湿地公园或自然湿地水源涵养空间，已经侵占的要限期修复。

应努力争取国家、省级和地方各类资金支持，广泛开展交流合作，建立多层次、多渠道资金投入机制，为湿地生态环境保护提供有力的政策和资金支撑。尽快将湿地保护纳入政府公共财政支出范畴。政府应结合本地实际，把湿地保护纳入社会经济发展规划，纳入政府公共财政支出范畴，加大财政投入支持力度，实现湿地投入的制度化。

同时，在政府财力有限的情况下，要全面推动湿地保护的社会化进程，广开募资渠道，争取社会各方面的投资。利用目前国际上对湿地保护的重视，广泛开展国际合作，积极争取国际组织、外国政府和国外民间团体对湿地保护的资助。规划国家投入的项目，投资要纳入国家计划，各部门按照基本建设程序实行单报单批。利用湿地进行旅游、开发的项目应按比例缴纳费用用于湿地保护。

### 5.12.6 加强科学研究，扩大对外合作

要防止对湿地旅游资源的破坏，提升湿地美学价值，在开展湿地旅游的同时，应加强对湿地原生状态、演变与所受威胁与压力的分析，加强对湿地生态环境的监测，包括水动力、水环境、湿地生态特征变化、湿地植被演替，以水禽和鱼类为代表的湿地保护生物的动态变化等，特别是加强对湿地水禽及其栖息地生境的监测与评价。在全面做好湿地土地资源、生物资源、水资源、景观资源等客观评价的基础上开展开发建设。湿地旅游必须建立在科学论证、整体规划、合理布局的基础上，充分体现“生态优先，科学修复，适度开发，合理利用”的原则。旅游项目安排要注意防止人工化倾向，以充分体现湿地的自然性和独特性。

从辽河保护区湿地类型多、分布范围广、保护管理难度大及湿地资源监测本身技术要求高和工作连续性强等特点出发，全市湿地保护管理应在充分利用现有技术与人员的基础上，委托具有相应资质和能力的大专院校、科研院所承担湿地生物资源的监测任务；湿地非生物资源监测由各行业原有的监测站（点）完成；同时，成立湿地资源调查监测专家组，负责审议湿地资源监测方案制定、监测数据处理和监测成果的形成。

应及时地掌握国内外最新的学术动态，总结和推广湿地保护、开发、利用的成功经验；建立国内、国际交流机制，扩大合作领域；开展社会、经济、人文等多学科、多课题的综合研究，成立工程建设科技支撑机构，并联合其他有关教学、科研单位，形成技术力量雄厚的科技保障体系。

应加强湿地资源的保护与合理利用研究，注重湿地生物多样性保护以及区域湿地保护研究，特别要加强对已退化的湿地生态系统的整治、恢复及重建技术模式的研究等。以生态经济学、系统生态学和生物工程学等理论为指导，研究湿地资源开发利用的最佳模式，大力发展湿地特色农业、渔业、旅游业和其他产业，推广复合生态模式。在保护湿地的基础上充分发挥湿地资源的生态、社会与经济效益，促进可持续发展。

### 5.12.7 加强宣传教育，提高全民生态保护意识

生活品质的提高有赖于全社会环境保护意识的增强。因此，要积极运用多种形式与手段，加强对干部群众的教育，积极宣传建立湿地保护体系的重要意义，支持社区民众发展生产，使当地居民充分认识到湿地保护事业的发展与自己有密不可分的关系，使其有一定的责任感，自觉投身到湿地保护事业中去。提倡和支持环保组织和其他社会团体开展与湿地保护相关的活动，特别是加强群众性的湿地保护科普活动，转变不利于湿地保护和合理利用的传统资源环境观。

要积极传播湿地资源可持续利用知识，教育、宣传和公众参与在湿地资源可持续利用中扮演着重要的角色。首先，应通过各种渠道使公众认识到湿地可持续利用的重要性和紧迫性。其次，应创造帮助公众了解湿地可持续利用技术的便捷途径。政府可以聘请专家通过电视、网络、课堂讲座等形式向公众讲解湿地保护的技术。最后，应加大政府在湿地教育方面的投入。组织社区群众参与管理，实施“社区共管”模式。湿地相关的问题将不再仅仅是湿地保护部门的工作，它将逐渐渗入利益相关群体的关注与参与，尤其是当地直接利益群体社区群众的参与，从而使湿地保护和合理利用更加社会化。经验表明，在湿地保护工作中吸收社区和原住居民参与湿地管理是明智可取的，因为湿地内的自然资源对当地居民生计的维持、生活、生产安全和传统文化的保护极为重要，当地居民也表现出强烈的参与管理意愿，因此湿地保护管理部门与当地社区可以通过沟通、交流、教育及公众意识计划（简称 CEPA 计划），实施“社区共管”模式，社区共管是指当地社区和管理部门共同参与当地社区和湿地的自然资源管理、决策制定、实施和评价的整个过程。社区共管的最基本目标就是促进生物多样性保护事业的发展，其主要目的在于使湿地内被保护物种和生物多样性得到有效保护，并寻求改善湿地及周边社区村民生活水平的途径。

采取各级报纸、电台、电视台刊登和播发湿地保护新闻和科普知识等方法，开展形式多样的宣传教育活动，吸引社会各界广泛关注野生动植物与湿地资源保护管理工作，唤起社会公众对湿地保护事业的关心与支持，形成全社会关心和支持湿地保护事业的有利局面，建立有利于社会各界广泛参与的保护机制，努力提高人们的湿地保护意识。

# 参考文献


[1] 李明月，钱锋，李丹，等. 辽河保护区水质时空分布特征及其影响因素[J]. 环境工程技术学报，2020，10（6）：1043-1049.

[2] 蔚青. 辽河保护区河流典型污染物检测分析及健康评价[D]. 山西：中北大学，2019.

[3] 吴燕玉. 沈阳市郊污水灌区中镉及其他重金属的污染[J]. 环境科学研究，1979（Z1）：95-105.

[4] 邵田田，宋开山，丁智，等. 辽河东西支流与干流水体光学特性和组分对比研究[J]. 中国环境科学，2015，35（9）：2794-2804.

[5] 左佳. 辽河保护区农村环境治理规划研究[J]. 环球市场信息导报，2016（46）：112-113.

[6] 齐星宇. 辽河上游面源污染负荷估算及评价[D]. 沈阳：辽宁大学，2019.

[7] 王雪蕾，蔡明勇，钟部卿，等. 辽河流域非点源污染空间特征遥感解析[J]. 环境科学，2013，34（10）：3788-3796.

[8] 宋歌. 辽河保护区现状调查与生态环境保护措施[J]. 环境科学与管理，2012，37（S1）：13-15，21.

[9] 孙成强. 辽河干流石佛寺至盘山闸段河道安全度汛分析[J]. 水利技术监督，2019（6）：155-156，179.

[10] 汪芳琳，宋火保，王风芹. 升金湖湿地生物多样性及其保护对策研究[J]. 重庆科技学院学报（自然科学版），2020，22（4）：120-124.

[11] Lakra W S，Sarkar U K，Kumar R S，et al. Fish diversity，habitat ecology and their conservation and management issues of a tropical River in Ganga basin，India[J]. The Environmentalist，2010，30（4）：306-319.

[12] 刘玉龙. 《辽河流域防洪规划》（辽宁部分）中期评价研究[J]. 中国防汛抗旱，2020，30（7）：62-65.

[13] 冯新伟，林齐，段亮，等. 辽河保护区河道防洪能力提升工程研究[J]. 环境工程技术学报，2013，3（6）：493-497.

[14] 王莉，于鲁冀，徐聪. 清洁河流的内涵与定义初探[J]. 四川环境，2017，36（2）：34-39.

[15] 冯文娟，李海英，徐力刚，等. 河流健康评价：内涵、指标、方法与尺度问题探讨[J]. 灌溉排水学报，2015，34（3）：34-39.

[16] 居晓青，陈虎. 河流健康内涵和评价体系初探[J]. 三峡环境与生态，2013，35（S1）：31-34.

[17] Bai T，Liu X，Yan-Ping H A，et al. Study on the single-multi-objective optimal dispatch in the middle

and lower reaches of Yellow River for river ecological health[J]. Water，2020，12（3）：915.

[18] 罗火钱，李轶博，刘华斌. 河流健康评价体系研究综述[J]. 水利科技，2019（1）：14-20.

[19] 薛涛，李曼. 河流健康评价指标体系构建研究[J]. 河南农业，2017（9）：58-60，64.

[20] 邓晓军，许有鹏，翟禄新，等. 城市河流健康评价指标体系构建及其应用[J]. 生态学报，2014，34（4）：993-1001.

[21] 杨文慧，杨宇. 河流健康概念及诊断指标体系的构建[J]. 水资源保护，2006（6）：28-30，63.

[22] 董薇，姜宇飞，张明昊. 基于灰色多层次评价模型的数据素养能力评价研究[J]. 图书馆学刊，2017，39（11）：22-29.

[23] 韩春. 马颊河河流健康评价研究[D]. 济南：山东大学，2015.

[24] 孙博. 辽宁省河湖（库）健康评价导则探讨[J]. 中国水利，2017（15）：29-32.

[25] 高永胜，王浩，王芳. 河流健康生命评价指标体系的构建[J]. 水科学进展，2007（2）：252-257.

[26] 陆海明，丰华丽，孙金华，等. 河流健康评价与监测指标体系构建的初步设想[C]//中国水利学会水文专业委员会. 水生态监测与分析论文集. 中国水利学会水文专业委员会：中国水利学会水文专业委员会，2008：7.

[27] Wang S，Zhang Q，Yang T，et al. River health assessment：Proposing a comprehensive model based on physical habitat，chemical condition and biotic structure[J]. Ecological Indicators，2019，103（AUG. ）：446-460.

[28] Fu L，Wang J，You A，et al. Qualitative and quantitative evaluation of small and medium-sized rivers based on data resources[J]. IOP Conference Series：Earth and Environmental Science，2019，267（3）：18-32.

[29] Zhao Y W，Yang Z F. Integrative fuzzy hierarchical model for river health assessment：A case study of Yong River in Ningbo City，China[J]. Communications in Nonlinear Science & Numerical Simulation，2009，14（4）：1729-1736.

[30] 高万超，胡可，顾庆福，等. 湘江干流中下游河流健康评价研究[J]. 低碳世界，2019，9（6）：5-7.

[31] 陈歆，靳甜甜，苏辉东，等. 拉萨河河流健康评价指标体系构建及应用[J]. 生态学报，2019，39（3）：799-809.

[32] 邹曦，丁世敏，吴易雯，等. 汉丰湖入湖支流健康评价指标体系构建和应用[J]. 三峡生态环境监测，2018，3（4）：1-7.

[33] 曾小瑱，车越，吴阿娜. 3 种河流健康综合性评价方法的比较[J]. 中国给水排水，2007（4）：92-96.

[34] Karr J R. Defining and measuring river health[J]. Freshwater Biology，1999，41（2）：221-234.

[35] 邹曦，杨志，郑志伟，等. 长江干流典型区域河流生境健康评价[J]. 长江流域资源与环境，2020，29（10）：2219-2228.

[36] Ladson A R，White L J，Doolan J A，et al. Development and testing of an index of stream condition

for waterway management in Australia[J]. Freshwater Biology，1999，41（2）：453-468.

[37] 杨谦. 推进生态流量管理全覆盖 维护长江健康水生态[J]. 中国水利，2020（15）：40-43.

[38] 曹龙智，郭伟，王帅帅，等. 黄河流域和淮河流域济南段浮游动物群落结构多样性及水质健康评价[J]. 水产科技情报， 2019，46（4）：230-233，240.

[39] 李云成，王化儒，娄广艳. 黄河内蒙古河段健康评价指标体系构建研究[J]. 人民黄河，2017，39（12）：67-70.

[40] Xu X，Lin H，Fu Z. Probe into the method of regional ecological risk assessment a case study of wetland in the Yellow River Delta in China[J]. Journal of Environmental Management，2004，70(3)：253-262.

[41] 卞京军. 大凌河健康状况评价与分析[J]. 黑龙江水利科技，2017，45（3）：13-16.

[42] 闫永辉. 大凌河健康评价与问题诊断分析[D]. 郑州：华北水利水电大学，2013.

[43] Suresh G，Ramasamy V，Meenakshisundaram V，et al. Influence of mineralogical and heavy metal composition on natural radionuclide concentrations in the river sediments[J]. Applied Radiation and Isotopes，2011，69（10）：1466-1474.

[44] Zeng L L，Qi T Z，Quan X S. A new framework for assessing river ecosystem health with consideration of human service demand[J]. Science of The Total Environment，2018，640-641：442-453.

[45] An K G，Park S S，Shin J Y. An evaluation ofa river health using the index of biological integrity along with relaftoils to chenfical and habitatconditions[J]. Environment International，2002，28（5）：411-420.

[46] Fairweather P G. State of environment indicators of 'river health：exploring the metaphor[J]. Freshwater Biology，2010，41（2）：211-220.

[47] 孙博，马涛，李伟. 辽宁省典型河流生态健康评价指标体系研究[J]. 人民黄河，2015，37（9）：81-84.

[48] 王龙，邵东国，郑江丽，等. 健康长江评价指标体系与标准研究[J]. 中国水利，2007（12）：12-15.

[49] 张楠，孟伟，张远，等. 辽河流域河流生态系统健康的多指标评价方法[J]. 环境科学研究，2009，22（2）：162-170.

[50] 张远，赵瑞，渠晓东，等. 辽河流域河流健康综合评价方法研究[J]. 中国工程科学，2013，15（3）：11-18.

[51] 国家环境保护局，国家技术监督局. GB 15618—1995. 土壤环境质量标准[S]. 北京：中国标准出版社，1995.

[52] 中华人民共和国卫生部，中国国家标准化管理委员会. GB/T 5750—2006. 生活饮用水卫生标准[S]. 北京：中国标准出版社，2007.

[53] 国家环境保护总局，国家质量监督检验检疫总局. GB 3838—2002. 地表水环境质量标准[S]. 北

京：中国标准出版社，2002.

[54] 中华人民共和国国家标准（GB）. GB 50201—2014. 防洪标准[S]. 北京：中国标准出版社，2014.

[55] 纪静怡，方红远，徐志欢. 基于组合赋权云模型的水资源管理综合评价[J]. 中国农村水利水电，2020（12）：40-45，56.

[56] 林涛，朱生亮，江波，等. 基于主成分分析法的贵阳市百花湖流域河流水质评价[J]. 绿色科技，2020（10）：25-27.

[57] 杨盼，卢路，王继保，等. 基于主成分分析的 Spearman 秩相关系数法在长江干流水质分析中的应用[J]. 环境工程，2019，37（8）：76-80.

[58] 秦聪，郭华. 基于熵权-TOPSIS 法的汾河水质评价[J]. 水资源开发与管理，2020（09）：34-39.

[59] 曹伟. 基于改进型 PSO-BP 神经网络算法的水环境质量评价[D]. 昆明：昆明理工大学，2016.

[60] 崔玉波. 综合水环境质量评价的新方法[J]. 吉林建筑工程学院学报，1997（4）：25-30.

[61] 胡立刚. 基于层次分析法的贵州省六硐河健康评价研究[J]. 中国农村水利水电，2019（9）：87-93.

[62] 朱红伟，陈江海，逄勇. 基于层次分析法的河湖治理工程绩效评价体系构建及应用[C]//河海大学、江苏省水利厅. 2018（第六届）中国水生态大会论文集. 河海大学、江苏省水利厅：北京沃特咨询有限公司，2018：7.

[63] 孙大明. 基于层次分析法的大连市大沙河流域水质综合评价[J]. 水电能源科学，2017，35（8）：53-55，115.

[64] 薛伟锋，褚莹倩，刘强，等. 主成分分析和模糊综合评价法在大连市地下水水质评价中的应用研究[J]. 辽宁大学学报（自然科学版），2020，47（3）：218-226.

[65] 宁阳明，尹发能. 水污染指数法和模糊综合评价法在水质评价中的应用[J]. 河南师范大学学报（自然科学版），2020，48（6）：57-63.

[66] 岳超，郑志国，杨会清，等. 灰色关联分析法在地表水水质评价中的应用[J]. 治淮，2017（12）：17-18.

[67] 蒋红斌，余全智，张海柱，等. 集对分析在环境分析评价中的应用[J]. 环境与发展，2020，32（5）：182-183，187.

[68] 谷红. 基于集对分析法模型的河流健康评价研究[J]. 水利发展研究，2019，19（10）：67-71.

[69] 常原飞，贾振邦，赵智杰，等. 辽河 COD 变化规律及其原因探讨[J]. 北京大学学报（自然科学版），2002（4）：535-542.

[70] 王秉杰. 辽河干流 3 年消灭超Ⅴ类水质，5 年实现城市段景观化[J]. 环境保护与循环经济，2008（4）：26.

[71] 王家骏，仲夏，张涤菲，等. 1996—2005 年辽河干流沈阳段水质污染状况调查[J]. 沈阳医学院学报，2008，10（4）：238-240.

[72] 张峥，谢轶，周丹卉. 辽河水体主要污染指标时空异质性分析[J]. 中国环境监测，2011，27（6）：14-17.

[73] 孙博，丁立国，李伟，等. 辽河健康评价与治理保护研究[C]//国际水生态安全中国委员会、河海大学环境学院、中国疏浚协会、浙江省生态经济促进会、浙江省水利学会. 加强城市水系综合治理 共同维护河湖生态健康——2016 第四届中国水生态大会论文集. 国际水生态安全中国委员会、河海大学环境学院、中国疏浚协会、浙江省生态经济促进会、浙江省水利学会：北京沃特咨询有限公司，2016：6.

[74] 王迪. 辽河保护区生物多样性评价与生态功能分区[D]. 沈阳：沈阳农业大学，2016.

[75] 刘斌，张远，渠晓东，等. 辽河干流自然保护区鱼类群落结构及其多样性变化[J]. 淡水渔业，2013，43（3）：49-55.

[76] 马骏. 沈阳辽河保护区生物多样性调查及生态现状初步评价[D]. 沈阳：沈阳农业大学，2018.

[77] 王迪，张依然，曲波. 辽河干流生物多样性评价[J]. 沈阳农业大学学报，2018，49（1）：88-94.

[78] 王磊. 辽河流域水资源承载能力评价[J]. 水资源开发与管理，2019（6）：59-62，67.

[79] 王畅. 辽河流域水资源承载能力研究[J]. 水利建设与管理，2014，34（1）：37-40，36.

[80] 何俊仕，辽河流域水资源承载能力研究及应用[D]. 沈阳：沈阳农业大学，2012.

[81] 蔚青，李巧玲，段亮，等. 辽河保护区铁岭段河流健康综合评价研究[J]. 水利水电技术，2019，50（1）：134-141.

[82] 刘桐. 辽宁沈阳：划定畜禽禁养区禁养范围占全市近 6%[J]. 中国食品，2016（20）：26.

[83] 童克难. 重大专项助力辽河流域水环境改善[N]. 中国环境报，2016-12-09（006）.

[84] 冷杰雯，陈峥，高振东. 沈阳市辽河保护区水环境容量研究[J]. 供水技术，2016，10（3）：34-37.

[85] 王程琳. 基于辽河水源保护区城市发展与水资源环境关系研究[J]. 水利技术监督，2018（6）：100-103，213.

[86] 孙倩莹，高艳妮，杨春艳，等. 辽河保护区水资源供给服务及价值评价[J]. 环境工程技术学报，2020，10（4）：531-538.

[87] Han T F，Zhang C T，Sun Y，et al. Study on environment-economy-society relationship model of Liaohe River Basin based on multi-agent simulation - ScienceDirect[J]. Ecological Modelling，2017，359：135-145.

[88] 刘宁，胡筱敏，高坤宇，等. 辽河流域畜禽养殖污染源仿真研究[J]. 环境保护与循环经济，2013，33（6）：38-40，52.

[89] 郑培生，金福杰，问青春. 辽河流域农业面源污染结构与格局特征分析[J]. 科技创新导报，2012（29）：154-156.

[90] 徐志璐. 辽河流域水污染状况及对策研究[D]. 长春：吉林大学，2014.

[91] Zhang H L，Zhao Z F，Ma G F，et al. Quantitative evaluation of soil anti-erodibility in riverbank slope remediated with nature-based soil bioengineering in Liaohe River，Northeast China[J]. Ecological Engineering，2020，151：105840

[92] Ning X D，Li W X. Hydrological adjustment and flooding control of wetlands in the Liaohe Delta[J].

Journal of Environmental Sciences，2003（2）：146-151.

[93] Wang D，Zhang Y R，Feng Y L，et al. Changes in vegetation and soil properties following 6 years of enclosure in riparian corridors[J]. Journal of Plant Ecology，2020，13（2）：131-138.

[94] Liu D，Chen J，Ouyang Z. Responses of landscape structure to the ecological restoration programs in the farming-pastoral ecotone of Northern China[J]. Science of The Total Environment，2019，710：136311.

[95] 碧水保卫战之重点流域水污染防治—辽河流域[J]. 环境工程技术学报，2019，9（3）：223-224.

[96] 闫亭豫. 辽宁生态环境协同治理研究[D]. 沈阳：东北大学，2016.

[97] 张鸿龄，郭鑫，孙丽娜. 辽河保护区河岸带自然生境恢复现状[J]. 沈阳大学学报（自然科学版），2016，28（2）：98-104.

[98] 涂响，彭剑峰，段亮，等. 辽河保护区干流自然生境恢复措施研究[J]. 环境工程技术学报，2013，3（6）：503-507.

[99] 王辉，栾维新，康敏捷，等. 辽河流域社会经济活动的环境污染压力研究——以氮污染为研究对象[J]. 生态经济，2012（8）：152-157.

[100] Li X，Liang C，Shi J. Developing wetland restoration scenarios and modeling its ecological consequences in the Liaohe River Delta Wetlands，China[J]. CLEAN - Soil Air Water，2012，40（10）：1185-1196.

[101] 李爽. 划区设局. 探索流域管理新模式——访辽宁省辽河保护区管理局局长李忠国[J]. 环境保护与循环经济，2011，31（4）：14-16.

[102] 段亮，魏健，韩璐，等. 辽河保护区湿地恢复技术与策略[J]. 世界环境，2018（2）：40-42.

[103] 郭鑫. 辽河保护区植被缓冲带对 N、P 污染的阻控作用研究[D]. 沈阳：沈阳大学，2016.

[104] 曹博文. 辽河水域橡胶坝对河流水质影响的特征分析及建议[D]. 沈阳：辽宁大学，2020.

[105] 赵万森. 辽河保护区生态环境监测系统研究与应用[J]. 国土资源，2019（12）：40-41.

[106] 陆宇菲. 辽河口湿地生态保护法律对策研究[D]. 哈尔滨：东北林业大学，2019.

[107] 刘伟男. 湿地保护区多尺度信息提取研究[D]. 大连：大连海洋大学，2018.

[108] 王中博，张帅，刘淼，等. 浅谈辽河保护区生态修复效果[C]//中国环境科学学会，哈尔滨师范大学. 2015 年水资源生态保护与水污染控制研讨会论文集. 中国环境科学学会，哈尔滨师范大学：中国环境科学学会，2015：5.

[109] Kong X，Tian K，Jia Y，et al. Ecological improvement by restoration on the Jialu River：water quality，species richness and distribution[J]. Marine and Freshwater Research，2020.

[110] Noreika N，Prtel M，Ckinger E. Community completeness as a measure of restoration success：Multiple-study comparisons across ecosystems and ecological groups[J]. Biodiversity and Conservation，2020，29：3807–3827.

[111] Ma D，Luo W，Yang G，et al. A study on a river health assessment method based on ecological flow[J].

Ecological Modelling，2019，401：144-154.
[112] 晁雷，王雪非，郭宝东，等. 人工湿地在辽河流域面源污染治理中的应用[J]. 环境保护与循环经济，2010，30（10）：47-49.
[113] 宋歌. 辽河保护区治理与保护能力建设研究[J]. 环境科学导刊，2012（5）：22-23.
[114] 张树伟. 人工湿地建设项目在辽河流域生态治理中的应用[J]. 黑龙江水利科技，2013，41（12）：55-57.
[115] 郭占平. 辽河干流生态综合治理模式及示范应用[J]. 水利发展研究，2015，15（5）：35-38，42.
[116] 朱振家. 辽河河口研究、治理开发及管理[C]. 中国江河河口研究及治理、开发问题研讨会，2007.
[117] 宋婷，吕田田，冯朝阳，等. 辽河保护区典型湿地红海滩国家风景廊道景观游憩服务价值评价[J]. 环境工程技术学报，2020，10（4）：572-578.
[118] 郭鑫. 辽河保护区植被缓冲带对 N、P 污染的阻控作用研究[D]. 沈阳：沈阳大学，2016.
[119] 朱强，俞孔坚，李迪华. 景观规划中的生态廊道宽度[J]. 生态学报，2005，25（9）：2406-2412.
[120] 孔维静，孟伟，张远，等. 基于适宜性分析的辽河保护区土地利用规划[J]. 环境工程技术学报，2013，3（6）：472-480.
[121] 钱斌天，陈胜利，廖贵彩，等. 土壤生物工程技术在生态清洁小流域治理中的研究[C]//中国水土保持学会水土保持规划设计专业委员会、水利部水利水电规划设计总院. 中国水土保持学会水土保持规划设计专业委员会 2015 年年会论文集. 中国水土保持学会水土保持规划设计专业委员会、水利部水利水电规划设计总院：中国水土保持学会，2015：10.
[122] 宋新宇. 沙河干流河岸带状况评价与修复措施分析[J]. 河南科技，2019（20）：76-78.
[123] 邢大鹏. 格宾网在中小河流护岸中的应用[J]. 农业科技与信息，2019（5）：106-107.